无人机结构与原理

主　编　江　川　索传新　黄婉婷
副主编　李爱林　李莹莹　杨　安
　　　　王胜男　周何勇　刘帅武
　　　　颜虎祥　曲冬日　常智敏
　　　　王林豪　张志刚　李欣璐
　　　　凌灿权

哈尔滨工业大学出版社

图书在版编目（CIP）数据

无人机结构与原理/江川，索传新，黄婉婷主编.
哈尔滨：哈尔滨工业大学出版社，2025.1.--ISBN
978-7-5767-1645-0
Ⅰ.V279

中国国家版本馆 CIP 数据核字第 2024FD403 号

策划编辑　刘　瑶
责任编辑　刘　瑶
封面设计　初心设计
出版发行　哈尔滨工业大学出版社
社　　址　哈尔滨市南岗区复华四道街 10 号　邮编 150006
传　　真　0451-86414749
网　　址　http://hitpress.hit.edu.cn
印　　刷　廊坊市鸿煊印刷有限公司
开　　本　787mm×1092mm　1/16　印张 11　字数 232 千字
版　　次　2025 年 1 月第 1 版　2025 年 1 月第 1 次印刷
书　　号　ISBN 978-7-5767-1645-0
定　　价　58.00 元

（如因印装质量问题影响阅读，我社负责调换）

前　言

　　近年来，我国密集出台相关产业政策，推动低空经济从探索走向发展。无人机作为低空经济的重要组成部分之一，很有可能成为我国经济的一个新的增长点。在您打开这本书的那一刻，您即将踏入这一充满创新与挑战的领域，我们希望和您一起来探索无人机的结构与原理。

　　本书在编写中，致力于降低门槛，特别是对于数学基础和物理基础要求不高。本书主要面向中高职学生及对无人机有兴趣爱好的朋友们，希望这本书能够激发您对无人机的兴趣和热爱。在未来的学习和工作中，愿您能够运用所学知识，为我国的无人机设计和制造贡献自己的力量。

　　由于水平有限及行业保密等特点，加之时间仓促，书中难免有不足和疏漏之处，恳请各位专家读者对本书予以批评指正，我们会尽力修改完善，在此深表感谢。

　　最后，感谢您选择本书作为您的学习伴侣。愿您在探索无人航空器的道路上，不断前行，创造辉煌！谨以此书献给所有热爱飞行、追求卓越的读者！

编者

2024 年 6 月 10 日

目 录

▶ 学习情景一　认识无人机的飞行大气环境 ······ 1

　　项目一　认识无人机 ······ 2
　　　　工作任务一　无人机的简介 ······ 2
　　　　工作任务二　无人机的特点和性能指标 ······ 8
　　　　工作任务三　无人机的发展与应用 ······ 12
　　项目二　认识无人机飞行的大气环境 ······ 17
　　　　工作任务一　大气成分与分层 ······ 17
　　　　工作任务二　空气的性质 ······ 22
　　　　工作任务三　流体流动的基本规律 ······ 26

▶ 学习情景二　认识固定翼无人机的结构与原理 ······ 30

　　项目一　认识无人机固定翼无人机的系统与结构 ······ 30
　　　　工作任务一　固定翼无人机系统构成 ······ 30
　　　　工作任务二　固定翼无人机的气动布局 ······ 34
　　　　工作任务三　机翼的空气动力学 ······ 38
　　项目二　固定翼无人机的飞行原理 ······ 43
　　　　工作任务一　固定翼无人机升力的产生 ······ 43
　　　　工作任务二　改善机翼气动性能的方法 ······ 48
　　　　工作任务三　固定翼无人机的飞行阻力 ······ 51
　　　　工作任务四　固定翼无人机综合气动性能 ······ 56

▶ 学习情景三　多旋翼无人机的结构与飞行控制原理 …………… 60

  工作任务一　多旋翼无人机的结构组成 …………………………… 62
  工作任务二　多旋翼无人机的飞行原理 …………………………… 78

▶ 学习情景四　无人直升机的结构与飞行控制原理 …………………… 84

  工作任务一　无人直升机结构组成 ………………………………… 85
  工作任务二　无人直升机的飞行控制方式 ………………………… 98

▶ 学习情景五　无人机的平衡、稳定性和操纵性 …………………… 105

  工作任务一　固定翼无人机平衡 ………………………………… 106
  工作任务二　固定翼无人机的稳定性 …………………………… 121
  工作任务三　固定翼无人机的操纵性 …………………………… 129

▶ 学习情景六　无人机飞行性能 ……………………………………… 136

  工作任务一　固定翼无人机的飞行性能 ………………………… 137
  工作任务二　四旋翼无人机的飞行性能 ………………………… 160

▶ 附录一　标准大气 …………………………………………………… 169

▶ 参考文献 ……………………………………………………………… 170

学习情景一
认识无人机的飞行大气环境

学习情景

本学习情景主要认识无人机及其飞行的大气环境。无人航空器系统,一般简称为"无人机",由遥控器、地面控制站、通信系统以及无人机本身组成。它可以在没有载人飞行员的情况下自主飞行或通过遥控操作,完成各种任务。无人机可以应用于军事和民用领域,具备成本效益高、操作灵活、可执行危险任务等特点。

无人机在大气层内飞行时所处的环境称为飞行大气环境。包围地球的空气(即大气层)是无人机唯一的飞行活动环境。大气层无明显的上限,它的各种特性在铅垂方向上的差异非常明显,例如空气密度随高度增加而很快趋于稀薄。根据大气中温度随高度的分布,大气可分为对流层、平流层、中间层、热层和逸散层(外层大气)5层。无人机的飞行大气环境一般是对流层和平流层,如图1-1所示。对流层对飞行有很大影响,恶劣的天气条件会危及飞行安全,大气属性(温度、压力、湿度、风向、风速等)对无人机飞行性能和飞行航迹也会产生不同程度的影响。

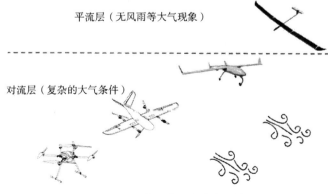

图1-1 无人机的飞行大气环境

项目一　认识无人机

项目描述

无人机是一种能够自主飞行或遥控飞行的无人飞行器，它可以通过预先编程的航线或者遥控指令来完成各种任务。无人机可以看作是一种空中机器人，在各个领域都有广泛的应用。本项目中，我们要认识无人机系统，了解其组成和常用功能。同时我们还要认识不同种类的无人机，具备对无人机分类的能力。

无人机早期仅用于军事用途。起初无人机常被当作一次性的靶机，随着可靠性的逐步提高，无人机的用途逐步拓宽，现在军用无人机常用于侦察、通信、对地攻击、电子干扰等。无人机可以减少人员伤亡，同时缩短了飞行员的培养周期。另外，原先用于人员保障的机载设备都可被拆除，提高了飞机的载重能力。

目前无人机已经走进了百姓的日常生活。如今无人机因操作简单，常被用于航测、植保、影视传媒等行业，完成有人驾驶飞机不宜执行的任务。目前，大疆等品牌的旋翼类无人机已经逐步走进人们的生活，各行各业都在探索无人机与行业的结合。在涉及三维空中作业的行业中，无人机已经大显身手，如电路巡检、空中航拍等。

工作任务一　无人机的简介

任务描述

本工作任务主要了解无人机系统的组成及其分类，建立对无人机系统的基本认识。

任务学习

知识点 ❶　无人机

无人机，也称为无人驾驶飞机或无人飞行器，是一种利用无线电遥控设备和自备的程序控制装置操纵的不载人飞行器。需要注意的是，无人机和普通飞行器相比，除了不载人之外，还必须是可操控的。因此气球等随着大气流动在空中运动的飞行器一般不属于无人机的范畴。

无人机最早可以追溯到第一次世界大战期间。美国海军寇蒂斯 N-9 型教练机是首架无线电控制的飞行器。英国的"蜂王号"无人机则是第一架能够返回出发点的无人机，该机被认为真正开启了无人机的时代。

中国的第一款无人机是"长空一号"（图1-2），首飞于1966年。其主要负责人是

学习情景一 认识无人机的飞行大气环境

"中国无人机之父"中国工程院院士赵煦将军。当时中国研制无人机主要作为导弹的靶机,后又诞生了改型"长空一号 B 型"和"长空一号 C 型"等。

图 1-2 "长空一号"无人机

随着中国经济的快速发展和科技实力的提升,中国无人机技术也取得了显著进步。目前,中国已经成为全球领先的无人机生产和应用国家之一。中国的无人机制造商,如大疆创新(DJI),在全球民用市场和行业应用中占据了重要地位。此外,中国在军事无人机领域也取得了一系列重要成就,包括研制了彩虹系列、翼龙系列等高性能无人机。

知识点❷ 无人机系统

1. 飞行器

飞行器是无人机系统中最重要的子系统,也是无人机系统能够执行任务的关键。飞行器包括飞机机体、动力系统、导航与控制系统及通信系统等,如图 1-3 所示。

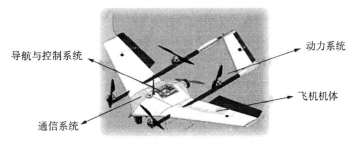

图 1-3 无人机系统中飞行器的组成

飞机机体是无人机的主体部分,可以是固定翼、旋翼或其他形式的气动结构。飞机机体的设计决定了无人机的飞行性能,如飞行速度、续航时间、载重能力等。

无人机需要动力系统来提供飞行所需的推力和能量。动力系统一般包括电动机、内燃机或其他能源形式。除此之外,电池、油箱、油泵及燃油管路等一般也都属于该系统。

导航与控制系统是无人机的核心部分,包括飞行控制系统、全球定位系统、惯性测量单元、自动驾驶仪等。它们共同工作,确保无人机能够按预定路线飞行,完成指定任务。

无人机通过通信系统与地面控制站或其他无人机进行数据交换，包括无人机本身的传感器数据以及载荷捕获的数据等。无人机上的通信系统一般包括无线电通信设备和卫星通信终端等。

2. 任务载荷

任务载荷指的是无人机执行任务所需携带的任务设备。携带有效载荷是使用无人机系统的主要原因，而且有效载荷通常是无人机最昂贵的子系统。军用无人机的载荷种类较多，最常用的有日间摄像机和夜间（红外）摄像机，一般这些摄像机会集成在一套多合一光电载荷中。如果需要锁定目标或测量无人机与目标的距离，可以在成像设备上加上激光设备，但造价会大大增加。雷达传感器（活动目标显示器及合成孔径雷达）也是无人机实施侦察任务的重要有效载荷。对于部分军用无人机，还可能装备雷达侦察干扰载荷以及通信侦察干扰载荷等电子战载荷。一般意义上，导弹等武器系统也属于载荷系统。民用无人机载荷则依旧以摄影摄像装置为主。常见军用无人机载荷如图1-4所示。

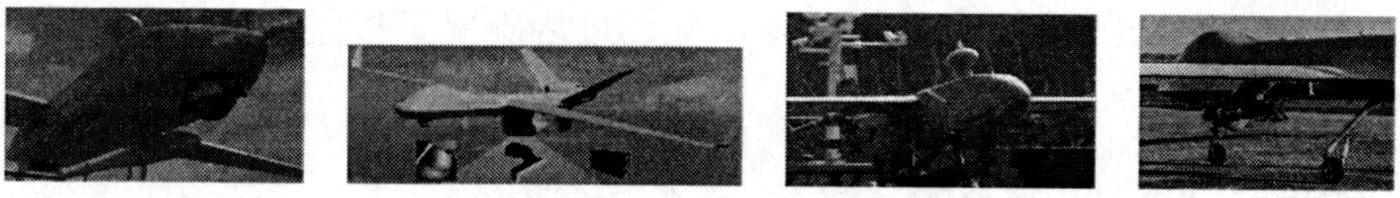

（a）光电载荷　　　（b）合成孔径雷达　　　（c）通信侦察干扰　　　（d）武器

图1-4　常见军用无人机载荷

3. 通信链路

无人机通信链路需要使用无线电资源，目前世界上无人机的频谱使用主要集中在UHF（ultra high frequency）、L波段和C波段。目前我国工业和信息化部无线电管理局制定了《无人机系统频率使用事宜》，其中规定：

（1）840.5～845 MHz频段，可用于无人机系统的上行遥控链路。

（2）1 430～1 446 MHz频段，可用于无人机系统下行遥测与信息传输链路。其中1 430～1 434 MHz频段应优先保证警用无人机和无人直升机视频传输使用，无人机在市区应用时，应使用1 442 MHz以下频段。

（3）2 408～2 440 MHz频段，可用于无人机系统下行链路。该无人机无线电台工作时不得对其他合法无线电业务造成影响，也不能寻求无线电干扰保护。

通信链路由机载链路设备和地面链路设备组成。机载链路设备是指无人机上用于通信联络的电子设备。机载电台一般由发信机、收信机、天线、控制盒和电源等组成。发信机和收信机是机载电台的主体，一般安装在电子舱或靠近天线处，通过电缆与控制盒连接。视距内通信的无人机安装有全向天线，需要进行超视距通信的无人机一般采用自跟踪抛物面卫星通信天线。

民用通信链路的地面终端硬件一般会被集成到控制站系统中，称为地面电台，部分地面终端会有独立的显示控制界面。视距内通信链路地面天线采用八木天线和自跟

学习情景一 认识无人机的飞行大气环境

踪抛物面天线，需要进行超视距通信的控制站还会采用固定卫星通信天线。

4. 任务规划和控制站

任务规划与控制站，也称无人机地面站，是无人机系统的应用指挥中心，从无人机传输过来的图像、指令及遥测数据在此进行处理及显示。数据通常通过地面终端进行中转，地面终端是数据链路的地面部分。

任务规划与控制站由任务规划设备、控制及显控台、图像及遥测设施、计算机及信号处理器、地面数据终端、通信设备、环境控制及生存能力保护设备组成。一般任务规划与控制站可以解构为以下3个平台：

（1）指挥处理中心。指挥处理中心主要是制订无人机飞行任务，完成无人机载荷数据的处理和应用。指挥处理中心一般都是通过无人机控制站等间接地实现对无人机的控制和数据接收。

（2）无人机控制站。无人机控制站主要是由飞行操纵、任务载荷控制、数据链路控制和通信指挥等组成。该站一般包含任务规划、航线设计、任务上传等功能，无人机可基于上传的任务自主飞行，也可实时对无人机进行操纵控制。

（3）载荷控制站。载荷控制站只能控制无人机的机载任务设备，例如光电载荷传的图像会传输到载荷控制站。一般载荷控制站不参与无人机的飞行控制。

5. 发射与回收设备

部分无人机不具备自主起飞能力，依赖外部动力发射和特殊的返回方式。弹射是无人机常用的发射方式，它使用引爆式火箭或气动、液压两者结合的方式。着陆拦阻网及装置被用于在地域不大的地区内截获固定翼无人机，伞降回收及翼伞回收应用于狭小地域的定点回收。

6. 地面支援设备

无人机系统运转起来往往需要配套的地面支援设备。我们常见的无人机地面牵引车/牵引杆、外接充放电装置（加放油装置）、轮胎充气设备以及野外环境的柴油发电机等均属于地面支援设备。

知识点❸ 无人机的分类

无人机可按飞行平台构型、用途、质量、活动半径、任务高度、飞行速度及使用次数等方法进行分类。

1. 按飞行平台构型分类

无人机按飞行平台构型可分为固定翼无人机、多旋翼无人机、无人直升机、无人飞艇、伞翼无人机和扑翼无人机等。其中固定翼无人机、多旋翼无人机应用比较广泛。

2. 按用途分类

无人机按用途可分为军用无人机、行业应用无人机和消费应用无人机。军用无机一般包括侦察无人机、诱饵无人机、电子对抗无人机、通信中继无人机、无人战机和靶机等；行业应用无人机一般包括无人运输机、摄影无人机、巡查/监视无人机、农用无人机、气象无人机、勘探无人机和测绘无人机等；消费应用无人机则常指个人航拍用无人机及玩具无人机等。

3. 按质量分类

无人机按质量可分为微型、轻型、小型和大型无人机。微型无人机是指空机质量小于等于 7 kg 的无人机；轻型无人机是指空机质量大于 7 kg 且小于等于 116 kg 的无人机；小型无人机是指空机质量大于 116 kg 且小于等于 5 700kg 的无人机；大型无人机是指空机质量大于 5 700kg 的无人机。

4. 按活动半径分类

无人机按活动半径可分为超近程无人机、近程无人机、短程无人机、中程无人机和远程无人机。超近程无人机的活动半径在 15 km 以内；近程无人机的活动半径在 15~50 km 之间；短程无人机的活动半径在 50~200 km 之间；中程无人机的活动半径在 200~800 km 之间；远程无人机的活动半径大于 800 km。

5. 按任务高度分类

无人机按任务高度分类可以分为超低空无人机、低空无人机、中空无人机、高空无人机和超高空无人机。超低空无人机的任务高度一般在 0~100 m 之间；低空无人机的任务高度一般在 100~1 000 m 之间；中空无人机的任务高度一般在 1 000~7 000m 之间；高空无人机的任务高度一般在 7 000~18 000 m 之间；超高空无人机的任务高度一般大于 18 000 m。

6. 按飞行速度分类

无人机按飞行速度分类可分为亚声速无人机、超声速无人机和高超声速无人机。

7. 按使用次数分类

无人机按使用次数可以分为单次消耗类无人机和可多次复用无人机。单次解分类无人机发射后一般不收回，也不需要在机上安装回收系统，军事上常见的自杀式无人机就属于这一范畴。可多次复用无人机则指重复使用的、要求回收的无人机。

任务实施

常见无人机分类及系统分析

本任务分组实施，团队成员合作，自行上网搜索 3 种不同的无人机，并利用所学知识从飞行平台构型、用途、质量、活动半径、任务高度、飞行速度、使用次数等进行分析与分类。最终形成 PPT 向全班同学汇报分享。

学习情景一 认识无人机的飞行大气环境

任务目标

1. 认识不同类别的无人机。
2. 了解无人机的分类。
3. 条理清晰地分析无人机系统组成。

实训任务书

实训任务书见表 1-1。

表 1-1 实训任务书（1）

无人机名称			
飞行平台构型			
用途			
质量			
活动半径			
任务高度			
飞行速度			
使用次数			

任务分组

学生任务分配表见表 1-2。

表 1-2 学生任务分配表（1）

班级		组号		组长	
本组成员：					
任务分工：					

任务分析

1. 分组提交 PPT 并汇报任务实施结果。

2. 各组之间互相评价任务实施结果。

3. 教师结合各组完成情况进行点评、分析和总结。

 **评价反馈**

评价反馈表见表 1-3。

表 1-3 评价反馈表（1）

评价项目	自评	小组互评	教师评价
任务是否按计划时间完成			
相关理论完成情况			
任务完成情况			
任务创新情况			
语言表达能力及沟通协作能力			

工作任务二　无人机的特点和性能指标

 **任务描述**

近几年来，我国的无人机装备研制取得了很大的进步，无人机的整体技术水平已经能够满足普通的军需民用，并且逐步走向海外市场。从运用领域上看，无人机在消防、警用、农用、摄影等多个领域都大显身手。无人机具有成本低、易操控、灵活性高等特点，可从空中完成特殊任务且不易造成人员伤亡。通过本工作任务的学习，学生能够了解无人机的六大特点及其性能指标。

任务学习

知识点❶　无人机的特点

无人机的六大特点如下：

1. 高效便捷

无人机可以代替传统的人工作业，大大缩短了时间和人力成本，提高了工作效率。例如在农业领域，无人机可以对庄稼进行监测，根据庄稼的状态进行智能浇水和喷药，大大提高了种植效率。

2. 灵活机动

无人机与传统飞机相比具有更高的灵活性，可以轻松适应各种复杂的作业环境。

例如在救援领域，无人机可以迅速到达灾区，并进行物资投放和救援工作。

3. 远距离作业

无人机驾驶员可以在距离无人机较远的地方控制无人机。一般来说，无人机飞得越高，视距控制的距离就越远。如果配备卫星通信终端，则控制距离可以超过 2 000 km。

4. 环保节能

无人机在工作过程中采用电力集成供电，减少了化石燃料的使用，降低了二氧化碳的排放量，符合绿色环保的要求。

5. 多功能性

无人机的应用范围非常广泛，除军事应用外，摄影摄像、农林植保、环保监测及应急救援等领域也常用到无人机。

6. 自主控制

无人机通过无线电通信、遥控器和卫星导航系统等技术，可以实现自主飞行、寻路、起降、巡航和降落等功能。这种自主控制的能力使得无人机在创新、人工智能等方面有广阔的发展前景。

知识点❷ 无人机的基本性能指标

无人机的基本性能指标主要有以下 10 个：

1. 续航时间

续航时间是检验无人机持续完成任务能力的重要标准，执行不同类型任务的无人机对续航的要求是不同的。在大部分情形下，无人机的续航时间越长，产品越受欢迎。

2. 航程

无人机的航程和续航时间具有一定的正相关性。需要注意的是，最远航程和最久续航的工作状态是不一样的。

3. 飞行高度

无人机的飞行高度受到发动机推力的限制。"升限"是指无人机能够维持平飞的最大高度，是一项重要的性能指标。

4. 飞行速度

飞行速度对于无人机来说也是一项重要的性能指标，速度大的无人机可以更快抵达目的地。速度指标包含巡航速度、最小速度和最大速度等。

5. 机体尺寸

无人机机体尺寸是描述产品外形和体积的重要指标。

6. 有效载荷质量

有效载荷质量是衡量无人机能够携带任务载荷多少的重要指标。

7. 爬升率

爬升率是指在一定飞行质量和一定发动机工作状态下，无人机在单位时间内上升的高度。

8. 经济性

无人机的设计、制造和维护成本是一项重要的指标，它是由无人机要执行的任务重要性来决定的。

9. 可靠性

可靠性是指无人机在执行预期任务期间无故障运行的可能性。良好的可靠性是无人机稳定使用的重要保障。

10. 发射回收方式

无人机的发射回收方式直接影响其易用性。常用的发射方式有轨道发射、火箭发射、滑跑发射、空中发射和垂直起飞等；常用的回收方式有降落伞回收、空中回收、拦截网回收、起落架滑轮着陆、气垫着陆和垂直着陆等。

任务实施

常规无人机的性能、特点分析

本任务分组实施，团队成员合作，自行上网搜索无人机产品，并分别选定一款了解其各项性能，并分析其特点。最终形成PPT向全班同学汇报分享。

任务目标

1. 全面了解所选无人机的性能和特点。
2. 掌握各种性能在无人机中的作用。
3. 了解具有不同特性的无人机在生活中分别起到的作用。

实训任务书

实训任务书见表1-4。

表1-4　实训任务书（2）

序号	任务名称	任务描述
1	确定型号	自行上网搜索商品化的无人机产品

续表

序号	任务名称	任务描述
2	续航时间	
3	航程	
4	飞行高度	
5	飞行速度	
6	机体尺寸	
7	有效载荷质量	
8	爬升率	
9	经济性	
10	可靠性	
11	发射回收方式	

任务分组

学生任务分配表见表1-5。

表1-5 学生任务分配表（2）

班级		组号		组长	
本组成员：					
任务分工：					

任务分析

1. 分组提交PPT并汇报任务实施结果。
2. 各组之间互相评价任务实施结果。
3. 教师结合各组完成情况进行点评、分析和总结。

评价反馈

评价反馈表见表1-6。

表 1-6　评价反馈表（2）

评价项目	自评	小组互评	教师评价
任务是否按计划时间完成			
相关理论完成情况			
任务完成情况			
任务创新情况			
语言表达能力及沟通协作能力			

工作任务三　无人机的发展与应用

任务描述

无人机技术的应用越来越广泛，未来无人机的飞行能力、智能化水平和安全性能将持续提升。无人机将在农业、建筑、环境保护、物流和配送、安全和救援等多个领域发挥重要作用。然而，安全问题、法规制定和隐私保护等挑战仍需加以应对。无人机技术的发展需要政府、行业和企业共同努力，以确保其可持续、安全和高效。

任务学习

知识点 ❶　无人机的发展

1. 高空长航时

无人机高空长航时具有高生存力与高侦察能力，其应用不断得到扩大。相关研究认为，未来无人机在 20 000 m 以上高空飞行将不会受到限制。无人机高空长航时将会成为大气层侦察网络的一个重要组成部分。目前国内外已经有大量的太阳能无人机完成了试飞，这类飞机飞行高度高，几乎没有被击落的风险，同时依赖太阳能可以在空中滞留超过一个月，起到类似超低轨道卫星的作用。

2. 隐身技术

新型无人机将采用最先进的隐身技术：一是采用复合材料、雷达吸波材料和低噪声发动机。隐身性能较好的无人机的机身除了主梁外，全部采用石墨合成材料，并对发动机进出气口和卫星通信天线做了特殊设计，其雷达信号特征（RCS）只有 0.1 m，对雷达、红外和声传感器都有很强的隐身能力。二是采用限制红外反射技术。在无人机表面涂上能吸收红外光的特制漆和在发动机燃料中注入防红外辐射的化学制剂，雷达和目视侦察均难以发现。三是减少表面缝隙。采用新工艺将无人机的副翼、襟翼等各传动面都制成综合面，进一步减少缝隙，缩小雷达反射面。四是采用充电表面涂层。充电表面涂层主要具有抗雷达和目视侦察两种功能。无人机蒙皮由 24 V 电源充电后，表面即可产生一层能吸收雷达波的保护层。从试验结果可以看出，可使雷达探测距离减小 40%～50%。

3. 综合感知

未来无人机的发展正朝着系统集成、综合传感方向发展，增强无人机的通用性。为增强无人机全天候侦察能力，机上可以安装光电红外传感器和合成孔径雷达组成的综合传感器。某型军用无人机安装有观察仪、变焦彩色摄像机、激光测距机、第三代红外传感器，以及能在可见光和中红外两个频段上成像的 CCD 摄像机、合成孔径雷达等。使用综合传感器后，无人机既可单独选择图像信号，也可综合使用各种传感器的信息。

4. 智能技术

军用无人机的"操纵-作战"模式会在地面指挥站与无人机之间产生大量的数据交换，因此极易因通信受干扰导致任务失败。另外，由于需要参与无人机的作战决策规划，操纵员的负担很重，在复杂环境下容易出错。这也对无人机操纵员的心理素质提出较高要求，并要求其具有一定的经验。因此未来无人机很有可能向无人化进一步发展，具备一定的智能判断和自主决策能力。

5. 协同作战

无人机协同作战，包括无人机和有人机的协同以及无人机之间的协同。无人机协同作战可以在统一的指挥控制下，通过信息共享、任务分配和动作协调等方式，共同完成特定的任务，是未来无人机发展的一个重要方向。

6. 微构技术

依靠电子技术的进步，现代无人机及其机载武器可以做得越来越小，以便其能够穿越狭窄的地形。

7. 高超声速

高超声速无人机通常指飞行速度超过马赫数 5 的无人机。这类无人机可以快速抵达目标区域，适用于需要快速响应的任务。它还能够迅速突破敌方的防空系统，现有的防空和导弹防御系统很难对其进行有效拦截。

知识点❷　无人机的应用

无人机在民用领域内的用途多种多样，本书主要介绍以下 10 种。

1. 航拍摄影/飞行表演竞技/极限运动自拍

传统的航拍摄影直升机体积庞大、维护成本昂贵,摄像师工作辛苦且危险。多旋翼无人机通过云台携带高清摄像机,不仅将传统航拍摄影的大场面发挥得淋漓尽致,还因机动灵活的特点使其能轻松地达到动感震撼的视频效果。

2. 农药喷洒/虫灾监测/森林防护/牧场管理

无人机携带农药可进行超低空的喷洒作业,这种作业相对来说操作简单,较人力喷洒工作大幅提高了效率,减少了成本,降低了飞行高度,提高了喷洒精度,从而避免了农药浪费和扩散。无人机还可携带病虫色谱摄影设备,对农林植被进行病虫害监测和预警。若无人机携带实时图传设备或热成像仪等,又可在大面积无人森林进行火灾预防、偷伐制止等工作。

3. 电力巡检/架线/电网"大数据"建设

现代无人机可以穿越高山、河流对输电线进行快速巡线,专用的无人机也可以在恶劣环境中开展架线工作,节约工作成本,保障人员安全。例如2015年4月9日,济南市供电公司输电运检室联合山东电力集团公司电力科学研究院对四基跨黄河大跨越高塔开展了无人机巡视工作。无人机巡视具有不受高度限制、巡视灵活、拍照方便和角度全面的优点,特别适合进行大跨越高塔的巡视,弥补了人工巡视的不足。

4. 路况勘查/事故取证/交通疏导/智慧交通

我国各大城市道路拥堵严重,尤其是在发生交通事故时,不但容易造成邻近路段交通瘫痪,而且执法和救援车辆也无法及时到达事故现场。无人机可快速低空飞抵事故现场,第一时间进行执法拍摄取证;通过图传功能将空中俯瞰的整体交通情况反馈到指挥中心,便于交管部门远程指挥疏导。

5. 环境监测/管道巡检/溢油处理/危险采样

无人机遥感可对地面覆盖、水环境及变化情况提供定量和直观的监测,为各级环保部门提供执法判断依据。无人机已经越来越频繁地被用于大气污染执法。从2013年11月起,环保部门开始使用无人机航拍,对钢铁、焦化、电力等重点企业排污、脱硫设施运行等情况直接进行检查。自2014年以来,我国多省市使用无人机进行大气污染防治执法检查,以实现更严格的监管。

携带红外设备的无人机可对深埋地下的输油管道进行快速巡检,通过热成像及时发现油管堵塞或漏油;对于海上溢油事件,无人机可以指挥开展海平面的除污工作;在可能发生爆炸或有毒的区域,无人机可以进行采样,以便及时了解、分析灾情。

6. 群体活动监控/罪犯追捕/反恐侦察指挥

在举办大型展会或开展群体活动时,在室外重点区域使用警用无人机,可实现现场全面监控、及时发现和处理意外突发事件;在刑事案件侦破过程中携带追踪设备的无人机,可锁定嫌疑人或车辆,自动跟踪,引导追捕;在人质劫持等反恐案件现场,警用无人机可秘密进入不易接近的区域，除进行侦察外，还可以携带小型催泪瓦斯进行空中投掷。

7. 航拍测绘/地质勘查/城市规划/工程建设

与传统的有人飞机相比，无人机遥感具有超低空作业、测控精度高、环境适应性强等明显优势；辅以信息化的地面设备，能更快速甚至实时完成测绘拼图；地质勘查时，可根据需要自由更换机载设备；可以构建三维建模，使城市规划更直观，工程选址更精确，建设布局更科学。

8. 火灾、洪水救援/灾害评估/人员搜救

火灾蔓延的判断、高层建筑起火的救生等都是消防工作的重点，无人机可将现场详细情况实时传送至指挥车；当发生洪水时，无人机可携带救生绳或救生圈，并将其投送到需要者身边；中高空无人机可提供洪水受灾面积、地震毁坏程度等评估，为救灾部门提供最真实、最及时的资料；携带生命探测仪的无人机是搜救幸存者的有力工具；有些海水浴场配备了监测、救生两用无人机，若发现有人溺水，无人机将第一时间报警、定位并投递救生圈。

9. 快递送货

2015年2月6日，阿里巴巴在北京、上海和广州三地展开为期3天的无人机送货服务测试，使用无人机将盒装姜茶快递给客户。这些无人机不会直接飞到客户门前，而是会飞到物流站点，"最后一公里"的送货仍由快递员负责。在国外，亚马逊在美国和英国都有无人机测试中心。亚马逊表示其目标是利用无人飞行器将包裹送到数百万顾客手中，顾客下单后最多需要半小时包裹即可送达。

10. 保护野生动物

位于荷兰的非营利组织影子视野基金会等机构正在使用经过改装的无人机，为保护濒危物种提供关键数据。在非洲，经过改良的无人机还能够被应用于反偷猎巡逻。英国自然保护慈善基金皇家鸟类保护协会也越来越多地将无人机应用于鸟类自然栖息地的保护工作。

任务实施

常见民用无人机分析讨论

本任务要求同学们了解常见的无人机应用场景和应用模式，并在互联网中搜索各种应用场景和应用模式中无人机及其载荷的品牌、名称及型号。各小组分头完成任务并搜集素材形成PPT，并做汇报展示。

任务目标

1. 建立对无人机行业企业的初步认识。
2. 掌握市面上应用较广泛的无人机品牌、名称及型号。

实训任务书

实训任务书见表1-7。

表1-7 实训任务书(3)

序号	无人机品牌	无人机名称及型号	应用场景及模式	备注
1				
2				
3				
4				
5				

任务分析

1. 学生阐述并分析任务结果。
2. 同学之间互相评价任务结果。
3. 教师结合学生完成情况进行点评、分析和总结。

评价反馈

评价反馈表见表1-8。

表1-8 评价反馈表(3)

评价项目	自评	教师评价
任务是否按计划时间完成		
相关理论完成情况		
任务完成情况		
任务创新情况		
语言表达能力及沟通协作能力		

▶ 项目二 认识无人机飞行的大气环境

项目描述

无人机在飞行时会面临诸多影响因素，除去无人机自身的硬件条件，还存在其他环境影响，如风、雨、云、温度、湿度、磁场等。在这些因素中，风和温度对无人机飞行的具体影响尤为显著。

工作任务一 大气成分与分层

无人机在飞行时面临的常见环境挑战如下：

1. 风

无人机通常会具备一定的抗风能力，这种能力来源于动力系统。当风力大于动力系统的最大抗风极限时，无人机将无法正常工作，甚至出现摔机事故。若观察到航线中存在频繁的乱风和风切变，或者风速大于五级，建议尽量不要飞行。如今的小型无人机普遍能抗五级风。在使用无人机时尽量选择空旷场地的逆风方向起飞，这样如果遇到强风也方便返航。若在飞行中遇到大风，难以返航，飞手应先保持冷静，尽量下降高度。这是因为一般高空的风力都比地表强烈许多，等风力较小时再返航。

2. 雨

无人机在飞行时如遭遇突降的雨水，无论是滂沱大雨还是毛毛细雨，都有可能给其带来短路风险，更何况大雨的到来往往伴随着大风。有些一体化机体可在小雨天气作业。这些一体化机体的电机会裸露在外，这并无大碍，因为电机本身防水，只需处理好电线接头以防短路就好。

3. 云

从某种程度来讲，对无人机来说，云的危险系数甚至高于小雨。云是由无数细微的小水滴组成的，当无人机穿越云层时，这些小水滴很可能渗透进一体化机体，侵入飞控、电调或电台外壳，附着在电路板上，从而导致一些电子设备短路。如同防水电子表"防水不防气"，我们可以戴着它洗澡却不能戴着它游泳。云对无人机的影响与此类似，因此有些无人机可以防雨，但依然不能穿云。

4. 高低温

过低的温度会导致电池的放电能力变弱，从而缩短无人机的航时。在一些极端情况下，常温下能续航 20 min 的无人机只能续航不到 3 min。因此，无人机在低温状态下飞行要做好电池的保温工作。同样，过高的温度也不利于无人机飞行。高温环境下要考虑电池、电机、电台等设备的工作状态等。

知识点 ❶ 大气特性

大气层具备一定的物理特性和化学特性。物理特性是指空气的温度、湿度、风速、气压和降水，这一切均由太阳辐射这一原动力引起。这些物理特性共同作用，形成了我们日常所经历的天气现象和气候变化。化学特性是指大气主要由氮气（约 78%）和氧气（约 21%）组成，其余是二氧化碳、水蒸气、氩气和其他稀有气体。这些气体的组成比例直接影响到大气密度，进而对无人机飞行产生影响。

知识点 ❷ 大气分层

大气层没有明显的分界线与上限，以大气层中的温度随高度的分布为主要根据，可以将大气层划分为对流层、平流层、中间层、电离层和散逸层 5 个层次，而航空器的飞行环境是距离赤道 0～11 km 高度的对流层和距离赤道 11～50 km 的平流层。

1. 对流层

大气中最低一层为对流层，其气温随高度增加而降低，空气对流运动极为明显。对流层的厚度随纬度和季节而变化，低纬度地区平均为 16～18 km，中纬度地区平均为 10～12 km，高纬度地区平均为 8～9 km。对流层大概集中了全部大气质量的 3/4 和几乎全部的水汽，是天气变化最复杂的层，飞行中所遇到的各种重要天气变化几乎都出现在这一层中。

2. 平流层

平流层位于对流层之上，顶界扩展到 50～55 km。在平流层内，随着高度的增加，起初气温保持不变或者略有升高；到 20～30 km 以上，气温升高很快；到了平流层顶，气温升至 270～290 K。平流层的这种气温分布特征，与它受地面影响较小和存在大量臭氧有关。过去常称这一层为同温层，实际上指的是平流层的下部。平流层中的空气沿铅垂方向运动较弱，因而气流比较平稳，能见度较好。

3. 中间层

中间层从 50～55 km 伸展到 80～85 km 的高度。这一层的特点是，随着高度的增加，气温下降，空气有相当强烈的沿铅垂方向的运动。这一层顶部的气温可低至 160～190 K。

4. 电离层

电离层从中间层顶延伸到 800 km 高空，这一层的空气密度极小，声波已难以传

播。该层的一个特征是气温随高度的增加而上升,另一个特征是空气处于高度的电离状态。

5. 散逸层

散逸层又称外大气层,位于热层之上,是地球大气的最外层。散逸层的空气极其稀薄,又远离地面,受地球引力较小,因而大气分子不断地向星际空间逃逸。

知识点❸ 国际标准大气压

国际标准大气(international standard atmosphere,ISA)就是人为地规定一个不变的大气环境,作为计算和试验飞行器的统一标准。

航空器的飞行性能与大气状态的主要参数(如温度、密度、压强等)有着密切的关系,而大气的物理性质(如温度、密度、压强等)是随所在地理位置、季节和高度而变化的。为了在进行航空器设计、试验和分析时,所用的大气物理参数不因地而异,必须建立一个统一的标准,即所谓的标准大气。标准大气是由权威机构颁布的一种"模式大气",依据实测资料,用简化方程近似地表示大气温度、密度、压强、声压等参数的平均铅垂分布。按照这个公式计算出来的大气参数沿高度的变化,排列成表,即为标准大气表。例如国际标准规定,以海平面的高度为0。在海平面,大气的标准状态为:气压是760 mmHg(1 mmHg= 101 325 Pa),气温是15 ℃,声速是341 m/s,空气密度是1.225 kg/m³。由国际性组织(如国际民用航空组织、国际标准化组织)颁布的标准大气称为国际标准大气,国家机构颁布的称为国家标准大气。中国国家标准总局于1980年颁布了《中华人民共和国标准大气》(30 km以下部分)。应当注意,各地的实际大气参数与标准大气之间是存在差别的。

1. 国际标准大气参数

海平面高度为0,气温为288.15 °K,15 ℃或59 °F。

海平面气压为1013.2 mBar(毫巴)或1.013.2 hPa(百帕)或29.92 inHg(英寸汞柱)。

对流层高度为11 km或36 089 ft,对流层内标准温度递减率为每增加1 000 m,温度递减6.5 ℃,或每增加1 000 ft,温度递减2 ℃。从11~20 km之间的平流层底部气体温度为常值。

例:已知飞机在6 000 m的高度飞行,传感器测得此时飞机外实际温度为−26 ℃。请问:在标准大气下,该高度的标准温度为多少?实际温度与标准温度偏差多少摄氏度?

答:6 000 m高度的国际标准大气温度=15 ℃−6.5 ℃×6=−24 ℃

实际温度与标准温度偏差2 ℃,可以写为ISA−2 ℃

2. 飞行高度

飞行高度是指飞机的重心在空中距离某一基准平面的垂直距离。根据所选基准平面的不同，飞行高度可以分为绝对高度、真实高度、压力高度和标准气压高度4种。

绝对高度指无人机与平均海平面之间的垂直距离。真实高度指无人机与正下方地面之间的距离。标准气压高度指无人机根据实时测量的大气压力参数，结合标准大气模型换算出来的高度。飞行高度的表示方法如图1-5所示。

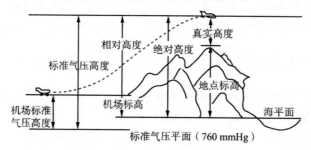

图1-5　飞行高度的表示方法

任务实施

认识天气对飞行安全的影响

各小组在互联网上分头搜集"2005年法国航空358号""1982年英国航空009号"及"1997年大韩航空801号"飞机失事事故，探讨异常天气对飞行安全的影响。各小组内部开展讨论并总结心得，形成PPT并在课上向全班同学做汇报分享。

任务目标

1. 认识极端天气对飞行安全的影响。
2. 帮助同学们树立飞机行业的安全意识，提升职业素养。

实训任务书

实训任务书见表1-9。

表1-9　实训任务书（4）

序号	失事事故概述	失事原因	心得体会
1			
2			
3			
4			
5			

续表

序号	失事事故概述	失事原因	心得体会
6			
7			
8			

任务分组

学生任务分配表见表 1-10。

表 1-10　学生任务分配表（3）

班级		组号		组长	
本组成员：					
任务分工：					

任务分析

1. 分组提交 PPT 并汇报任务实施结果。
2. 各组互相评价任务实施结果。
3. 教师结合各组完成情况进行点评、分析和总结。

评价反馈

评价反馈表见表 1-11。

表 1-11　评价反馈表（4）

评价项目	自评	小组互评	教师评价
任务是否按计划时间完成			
相关理论完成情况			
任务完成情况			
任务创新情况			
语言表达能力及沟通协作能力			

工作任务二　空气的性质

空气属于流体，大部分情况下自然界的空气不存在静止不动的情况，因此了解空气的流动，进而认识空气流动对无人机飞行是十分必要的。例如在无人机起飞前，往往要查询当地的风向，起飞滑跑时无人机也往往逆风起飞。空气流动存在若干性质，此处介绍相对运动原理、可压缩性和黏性。

知识点❶　相对运动原理

作用在无人机上的空气动力取决于无人机和空气之间的相对运动情况，而与观察、研究时所选用的参考坐标无关。也就是说，无人机以速度 V 在平静的空气中飞行时，作用在无人机上的空气动力与远方空气以速度 V 流过静止不动的无人机时所产生的空气动力完全相同。这就是相对运动原理在空气动力学中的应用。

空气相对无人机的运动称为相对气流，相对气流的方向与无人机运动的方向相反。

只要相对气流速度相同，产生的空气动力也就相等。将飞机的飞行转换为空气的流动，使空气动力问题的研究大大简化。风洞试验就是根据这个原理建立起来的。我国建设了大量的风洞试验室，涵盖低速、亚声速、超声速、高超声速、低温、低密度以及低噪声等各类型。风洞试验室的完善是一个国家航空航天能力的体现。典型风洞试验段结构如图 1-6 所示。

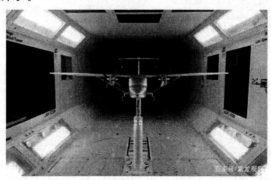

图 1-6　典型风洞试验段结构

知识点❷　可压缩性

空气是可以被压缩的，或者说空气是有弹性的。例如，我们在生活中常看到的气罐就是将压缩空气存储在了高压金属罐中。当无人机低速飞行时，其前方的空气会被无人机自然而然地推开，这时空气并没有被压缩，或者说空气分子之间的间距和原来的间距基本一致，如图1-7所示。

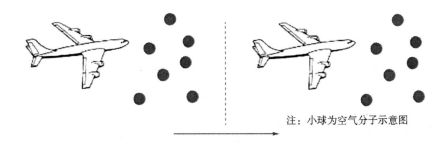

图1-7　低速飞行时空气不可压缩

当无人机高速飞行时，飞机前方的空气会"来不及"逃逸，或者说无人机的飞行速度大于空气被排开的速度，此时无人机正前方的空气分子间距会逐渐减小，空气被压缩，变得致密，如图1-8所示。一般来说，当无人机飞行的速度小于0.3倍声速时，空气几乎没有被压缩。而当无人机高超声速飞行时，其前方的空气几乎被压缩成一面"墙"。

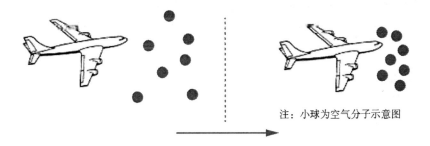

图1-8　高速飞行空气可压缩

空气是否容易被压缩？其界定参数是一个与当地空气中声音传播的速度有关的量。同学们不妨思考一下，钢铁、水流和空气，哪种介质传播声音的速度更快？哪种介质又更容易被压缩？声速为什么会与物体的可压缩性相关？有兴趣的同学可以深入了解相关知识。

知识点❸　流线、流线谱与流管

空气在流动时，如果空间各点上速度的大小和方向、压力、密度等参数不随时间改变而改变，则称为稳定气流。如果空气的流动情况随时间而改变，也就是在空间某一点上，气流参数随时间改变而改变，这样的气流就是不稳定气流。例如，汽车后面的空气旋涡是不稳定气流。

在气流稳定流动中，空气微粒流动的路线称为流线。由许多流线所组成的图形称为流线谱，如图1-9所示。通常把由流线所组成的管子称为流管。两条流线之间的距离缩小，会导致流管变细；两条流线之间的距离扩大，会导致流管变粗。

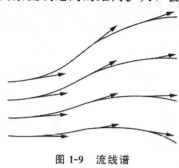

图 1-9　流线谱

知识点 ❹　黏性

流体都是有黏性的，只是有的大有的小。在观察河流中的漂浮物时，会发现靠近岸边的漂浮物会比河中心的漂浮物走得慢一些，这就是流体黏性的体现。空气的黏性也被证明是存在的。我们常用黏度 μ 来表示介质的黏性程度。一般来说，同一种介质的黏性与温度有关，液体的黏性会随着温度升高而降低，气体的黏性则会随着温度的升高而升高。

海平面环境下标准大气的黏度为 $1.789\ 4\times10^{-5}\ Pa\cdot s$

该值较小，因此在处理很多问题时，我们可以先忽略空气的黏性。不考虑黏性的流体称之为理想流体。

任务实施

认识风洞和相对性原理

本任务分组实施，团队成员合作。各组同学自行上网搜索关于中国风洞建设的相关新闻和报告，详细了解目前中国风洞产业的进展情况。最终形成PPT向全班同学汇报。

任务目标

1. 帮助同学们建立对风洞的基本认识，了解风洞的功能和实现方式。
2. 认识中国目前的风洞发展水平，建立技能报国的意识。

实训任务书

实训任务书见表1-12。

表 1-12　实训任务书（5）

序号	风洞代号	风洞概述
1		
2		

任务分组

学生任务分配表见表 1-13。

表 1-13　学生任务分配表（4）

班级		组号		组长	
本组成员：					
任务分工：					

任务分析

1. 各组提交 PPT 并汇报任务实施结果。
2. 各组互相评价任务实施结果。
3. 教师结合各组完成情况进行点评、分析和总结。

评价反馈

评价反馈表见表 1-14。

表 1-14　评价反馈表（5）

评价项目	自评	小组互评	教师评价
任务是否按计划时间完成			
相关理论完成情况			
任务完成情况			
任务创新情况			
语言表达能力及沟通协作能力			

工作任务三　流体流动的基本规律

知识点❶　连续性定理

连续性定理用来描述流体流速与截面的关系。这一定理的本质是质量守恒定律，即流体在流动的过程中质量是不变的。当流体连续不断且稳定地流过一个粗细不等的管子时，在同一时间内，流进任意流管入口处的流体质量和从流管出口处流出的流体质量应相等。

如图 1-10 所示，流体从左侧流入管子，从右侧流出管子。假设流体在这段管子中的流动是定常的，流体密度为 ρ，取一段流动时间 Δt 进行分析。

左侧流入的液体质量 $Q_左 = S_1 \times V_1 \times \rho \times \Delta t$

右侧流出的液体质量 $Q_右 = S_2 \times V_2 \times \rho \times \Delta t$

根据连续性假设 $Q_左 = Q_右$，有

$$S_1 \times V_1 = S_2 \times V_2$$

显然，如果流体是不可压缩的，管子中液体的流速与管子的横截面积成反比。管子横截面积小的地方流速块，横截面积大的地方流速慢。

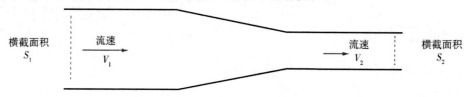

图 1-10　流动的连续性定理

从微观角度来说，绝大部分的物质都由分子和原子组成，固态和液态结构分子之间不存在间隙，空气中分子与分子之间则存在间隙（我们称之为平均自由程），因此严格来说空气是不连续的，或者说空气是容易被压缩的，如图 1-11 所示。但是由于空气分子之间的间距为 10^{-8} 量级，这与无人机典型长度之间的差距很大，因此我们在宏观层面观察大量气体分子同时运动时，可以近似地将空气认为是连续的。所以我们称之为空气的连续性"假设"，而非空气的连续性"定理"。显然，当无人机飞行高度过高时，在大气非常稀薄的情况下，连续性假设不再适用，因此卫星、火箭等航天器不再适用连续性假设。我们一般认为超过 120 km 高度的大气不符合连续性假设。

固体结构：分子之间手拉手排好整齐的队列，没有间隙

液体结构：分子之间手拉手，没有间隙，但并不整齐

气体结构：分子之间既存在间隙，也不整齐

图 1-11　固液气三态的微观结构

知识点❷　伯努利定理

伯努利定理：在符合连续性定理条件下，对于不可压缩的和无黏性的流体来说，无论该流体在同一流管处的任何一个位置，单位体积的流体所具有的动能、势能和压力能之和是一个定值。当该流管的高度不改变时，会得到一个很有意思的结论，即流速越快的地方，流体产生的压强就越小，流速越慢的地方，流体产生的压强就越大。伯努利定理示意图如图 1-12 所示。

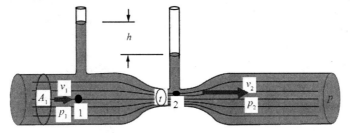

图 1-12　伯努利定理示意图

我们可以做一个简单的试验。拿两张纸，往两张纸中间吹气，会发现纸不但不会向外飘去，反而会被一种力挤压在了一起。因为两张纸中间的空气被我们吹气后流动速度快，压力就小，而两张纸外面的空气没有流动，压力就大，所以外面力量大的空气就把两张纸"压"在了一起。这就是"伯努利原理"原理的直接解释。

任务实施

探究伯努利定理

本任务分组实施，团队成员合作。课前自行上网搜索伯努利定理的验证试验，并尝试复现，最终在课堂上向全班同学展示试验装置、介绍试验流程并演示试验效果。

任务目标

1. 培养学生理论结合实际的能力。
2. 掌握伯努利定理的原理和应用方式。

实训任务书

实训任务书见表1-15。

表1-15 实训任务书（6）

序号	试验装置示意图	试验装置组成	试验装置流程
1			

任务分组

学生任务分配表见表1-16。

表1-16 学生任务分配表（5）

班级		组号		组长	
本组成员：					
任务分工：					

任务分析

1. 分组提交试验装置并汇报任务实施结果。
2. 各组互相评价任务实施结果。
3. 教师结合各组完成情况进行点评、分析和总结。

 **评价反馈**

评价反馈表见表1-17。

表1-17 评价反馈表（6）

评价项目	自评	小组互评	教师评价
任务是否按计划时间完成			
相关理论完成情况			
任务完成情况			
任务创新情况			
语言表达能力及沟通协作能力			

学习情景二

认识固定翼无人机的结构与原理

学习情景

固定翼无人机是如何飞上天的?在空中飞行时又是如何做出各种各样动作的?无人机如何完成各种任务?想了解这些就需要先知道固定翼无人机的结构,再分析其飞行原理。固定翼无人机的主要结构包括机身、机翼、尾翼和推进器等。机身是固定翼无人机的中心结构,也是装载货物的重要空间;机翼是提供升力的主要结构;尾翼是无人机稳定和控制的主要部件;推进器用来产生动力,克服前飞的阻力。通过本学习情境的学习,学生能够认识和了解到哪些因素影响了固定翼无人机的结构和原理,对不同外形和结构的无人机的设计理念有更深入的认识。

▶ 项目一 认识固定翼无人机的系统与结构

工作任务一 固定翼无人机系统构成

任务描述

固定翼无人机在飞行过程中的控制和飞行状态受无人机的各个系统相互作用影响。本次任务需要了解固定翼无人机的几个主要系统,并认识其各自的功能。

学习情境二　认识固定翼无人机的结构与原理

知识点❶　机体结构

1. 机体结构的组成

机体结构一般由可拆卸的模块化机体组成，既方便运输或携带，又可以在短时间内完成组装和飞行。机翼是固定翼无人机最重要的部分，能够产生升力来克服重力，使无人机在空中飞行。机身是固定翼无人机的中心结构，大部分的载荷装载在机身位置。推进器则是通过螺旋桨等推进装置产生动力，克服无人机前飞的阻力。起落架是固定翼无人机在地面上行驶的部分。

2. 机身

机身的直接作用是装载各种载荷（人员和货物）和燃料（或电池）。在全机受力中，机身不仅提供了小部分升力，更重要的是其连接了机翼和尾翼，所有的力和力矩都需要机身来传递。

3. 机翼

机翼是固定翼无人机用来产生升力的主要部件，一般分为左右两个翼面。从机翼平面形状来看，通常有平直翼、后掠翼和三角翼等。机翼前后缘都保持基本平直的称为平直翼；机翼前缘和后缘都向后掠称为后掠翼；机翼平面形状呈三角形的称为三角翼，前一种适用于低速无人机，后两种适用于高速无人机。近年来先进无人机还采用了边条机翼、前掠机翼等平面形状。

左右机翼后缘一般各设置一堆副翼，飞手通过遥控器操作杆利用副翼进行滚转操纵，即飞手向左压杆时，左机翼上的副翼向上偏转，左机翼升力下降；右机翼上的副翼向下偏转，右机翼升力增加，在两个机翼升力差作用下无人机向左滚转；反之，向右偏转。为了降低起飞离地速度和着陆接地速度，缩短起飞和着陆滑跑距离，部分无人机的左右机翼后缘还设置了襟翼。襟翼平时处于收上位置，起飞着陆时放下。

4. 尾翼

大部分无人机的尾翼包含垂直尾翼和水平尾翼。

垂直尾翼垂直安装在机身尾部，主要功能是保持无人机的方向平衡和操纵。通常垂直尾翼后缘设有方向舵。飞手利用方向舵对方向进行操纵。当飞手希望无人机向右偏航时，方向舵右偏，相对气流吹在垂尾上，使垂尾产生一个向左的侧力，此侧力相对于无人机重心产生一个使无人机机头右偏的力矩，从而使机头右偏。

水平尾翼一般水平安装在机身尾部，主要功能是保持俯仰平衡和俯仰操纵。低速飞机水平尾翼前段为水平安定面，是不可操纵的，其后缘设有升降舵，飞手利用升降舵进行俯仰操纵。

有些无人机的水平尾翼放在机翼前边,这种布局称为鸭式布局。这时放在机翼前面的水平尾翼称为鸭翼或前翼。例如,彩虹系列的彩虹-3型号无人机就采用了鸭式布局和机身融合技术,这时放在机翼前面的水平尾翼称为鸭翼或前翼。也有一部分无人机没有水平尾翼,这种无人机称为无尾飞机。

5. 起落装置

起落装置的功能是保证无人机能够在地面或水面进行起飞、着陆、滑行和停放。特别在着陆时,起落装置起到了吸收撞击能量的效果,它对无人机降落的安全性至关重要。

早期起落装置比较简单,只有3个起落架,而且在空中不能收起,飞行阻力大。现代大多数无人机起落装置包含起落架和改善起落性能的装置两部分,且起落架在无人机起飞后即可收起,以减少飞行阻力。改善起落性能的装置主要有起飞加速器、机轮刹车、减速伞等。水上无人机的起落架由浮筒代替机轮。

知识点❷ 航电系统

1. 航电系统的组成

无人机的航电系统是无人机的核心部件之一,通过无人机的航电系统可以实现对周围环境的监测和对无人机的控制。现有的无人机的航电系统一般包括飞行控制系统、导航系统、数据链路系统及机上供电系统。

2. 航电系统的作用

无人机航电系统的主要作用是对无人机进行控制,以确保无人机能够接受指令、发送信息,并安全地抵达目的地。航电系统中的飞行控制系统负责控制无人机的速度和姿态,确保其飞行安全;导航系统负责定位无人机目前的位置,并规划航迹;数据链路系统负责向地面发送无人机自身的状态信息和载荷获得的照片等情报信息,同时也接收无人机驾驶员发给飞控系统的指令;机上供电系统则对发电机产生的电能进行分配,确保各系统正常工作。

知识点❸ 动力系统

无人机的动力系统是其关键组成部分之一,主要包括电机、电调、螺旋桨及电池。这些部分共同构成了无人机的"心脏",为无人机提供持续的动力源。电机是动力系统中的主要部件,它负责将电能转化为机械能,从而驱动无人机飞行。电调则是电子速度控制器,能够控制电机的转速和方向,保证无人机稳定飞行。螺旋桨则承担着推进任务,将电机产生的动力转化为推力,推动无人机前进。

电池在动力系统中起着至关重要的作用,主要负责为无人机提供电能。目前,多旋翼无人机主要采用锂聚合物电池作为动力电源,因为它具有电压高、循环寿命长、安全性能好等优点。此外,不同类型的无人机根据其动力来源不同还可以分为油动无人机、电动无人机、固态氧化物燃料无人机、太阳能无人机、混合动力无人机等。

知识点❹ 地面控制站

　　无人机的地面控制站（ground control station，GCS）是无人机系统的核心部分，负责指挥控制、任务规划、运行控制和数据链控制等功能。总体来说，无人机的地面控制站是保障无人机正常飞行和执行任务的重要设施，对于无人机的操作具有至关重要的作用。

　　地面控制站可以分为单点地面站和多点地面站，这取决于系统的需要。例如，杭州纵横通信股份有限公司研制的便携多合一体无人机地面控制站，可以方便用户在各种场景下使用无人机。

任务实施

常规固定翼无人机的结构分析

　　本任务分组实施，团队成员合作，自行上网搜索商品化的无人机产品。选定一款无人机，利用所学知识从用途、性能指标、整体外观、动力系统、机体、尾翼、起落架、地面控制等进行分析。最终形成PPT向全班同学汇报。

任务目标

1. 认识不同类型的无人机。
2. 掌握无人机各部分结构的作用。

实训任务书

实训任务书见表 2-1。

表 2-1　实训任务书（1）

序号	任务名称	任务描述
1		
2		
3		
4		
5		

任务分组

学生任务分配表见表 2-2。

表 2-2　学生任务分配表（1）

班级		组号		组长	
本组成员：					
任务分工：					

任务分析

1. 分组提交 PPT 并汇报任务实施结果。
2. 各组之间互相评价任务实施结果。
3. 教师结合各组完成情况进行点评、分析和总结。

评价反馈

评价反馈表见表 2-3。

表 2-3　评价反馈（1）

评价项目	自评	小组互评	教师评价
任务是否按计划时间完成			
相关理论完成情况			
任务完成情况			
任务创新情况			
语言表达能力及沟通协作能力			

工作任务二　固定翼无人机的气动布局

任务描述

固定翼无人机的气动布局是其设计中的关键部分之一，它决定了无人机飞行的效率和稳定性。气动布局的选择受多方面因素互相制约，需要进行充分权衡。这些因素包括任务应用背景、性能取向、性能指标、起降方式、动力方式及机载航电选择等。

学习情境二 认识固定翼无人机的结构与原理

知识点❶ 常规布局

固定翼无人机的常规布局由机翼和尾翼组成,尾翼置于机翼后部,提供俯仰和偏航的操纵控制力矩,这种布局历史悠久,研究完善,各项性能较为均衡,是使用最多的一种布局形式。

知识点❷ 无尾布局

无尾布局的固定翼无人机最显著的特点是没有垂直稳定翼和水平稳定翼,整个机翼就像一个巨大的平面,难以分辨出机身与机翼的分界面。这种设计使得无人机的雷达反射面积大大减小,从而提高了无人机的隐身性能。抛弃尾翼这一安定面结构意味着无人机的姿态很难自稳,对无人机的控制率提出了更高的要求。

无尾布局主要有飞翼布局和无尾三角翼布局两种类型。飞翼布局的无人机外形扁平,难以分辨出机身与机翼的分界面,故被称为飞翼布局。无尾三角翼布局曾是各国竞相采用的设计方案,尤其是各国最新研发的先进无人机都不约而同地采用了这一设计。彩虹-7无尾布局的无人机如图2-1所示。

图2-1 彩虹-7 无尾布局的无人机

知识点❸ 鸭式布局

鸭式布局是一种常见的气动布局,最显著的特点是将常规布局位于机翼后方的水平尾翼移到了机翼的前方,而这部分被前置的翼面被称为"鸭翼"。此外,鸭式布局被认为是一种十分适合于超音速空战的气动布局。将水平尾翼移到主翼之前的机头两侧,可以用较小的翼面来达到同样的操纵效能,而且前翼也可以产生升力。然而,鸭式布局的设计也带来了一些挑战,例如控制律设计相当复杂。因此,权衡鸭式布局的优势和挑战至关重要。为了实现最佳的飞行性能,设计师需要在鸭式布局带来的高性能机动性和对先进飞控系统的需求之间做出权衡。彩虹-3鸭式布局无人机如图2-2所示。

图 2-2　彩虹-3 鸭式布局无人机

知识点 ❹　三翼面布局

三翼面布局是一种在常规布局的基础上增加一个水平前翼而构成的布局方式，即前翼＋机翼＋平尾。这种设计综合了常规布局和鸭式布局的优点，经过仔细设计，有可能得到更好的气动特性，特别是操纵和配平特性。

具体来说，三翼面布局不但能保持近距鸭翼脱体涡对机翼的有利干扰，而且三翼面同时操纵可提高操纵效率，减小配平阻力。此外，三翼面布局对于实现无人机直接力控制、保证足够的低头恢复力矩、改善大迎角特性、提高最大升力等方面也有显著优势。

然而，三翼面布局的设计也带来了一些挑战。例如，控制律设计相当复杂。因此，在考虑三翼面布局时，需要综合考虑无人机的性能要求、任务需求、成本限制，以及维护和操作的便利性。通过多学科的优化和综合评估，可以实现最佳的飞行性能和整体设计效果。三翼面布局无人机如图 2-3 所示。

图 2-3　三翼面布局无人机

任务实施

常规无人机气动布局分析讨论

本任务分组实施，团队成员合作，自行上网搜索民用无人机产品，并选中一款分析其气动布局方式。最终形成 PPT 向全班同学汇报。

学习情境二 认识固定翼无人机的结构与原理

任务目标

1. 掌握无人机的气动布局方式。
2. 能够区分常用无人机的气动布局。

实训任务书

实训任务书见表2-4。

表2-4 实训任务书（2）

序号	民用无人机名称	气动布局	备注
1			
2			
3			
4			
5			
6			

任务分组

学生任务分配表见表2-5。

表2-5 学生任务分配表（2）

班级		组号		组长	
本组成员：					
任务分工：					

任务分析

1. 分组提交PPT并汇报任务实施结果。
2. 各组之间互相评价任务实施结果。
3. 教师结合各组完成情况进行点评、分析和总结。

评价反馈

评价反馈表见表 2-6。

表 2-6 评价反馈表（2）

评价项目	自评	小组互评	教师评价
任务是否按计划时间完成			
相关理论完成情况			
任务完成情况			
任务创新情况			
语言表达能力及沟通协作能力			

工作任务三 机翼的空气动力学

任务描述

机翼的空气动力学是研究机翼如何利用空气流动产生升力和阻力的科学。这一领域涵盖了许多基本概念和原理，如环量、翼型、攻角等。首先，需要关注的是机翼的纵向截面，我们称之为"翼型"。翼型涉及的基本名词包括翼弦、机翼前缘和机翼后缘等。

作用在翼型上的空气动力的合力一般分为两个力：平行于来流方向的分力（在 x 轴上的投影），我们称之为阻力；垂直于来流方向的分力，我们称之为升力。机翼设计及优化的目的是获得充足的升力，并尽可能地减少阻力。

总体来说，机翼的空气动力学是一个复杂而关键的研究领域，它不仅影响着无人机的稳定性和操控性，还直接关系到无人机的燃油效率和运营成本。因此，深入理解和研究机翼空气动力学对于无人机行业的发展至关重要。

任务学习

知识点❶ 翼型的定义与几何参数

翼型作为无人机机翼的横截面形状，对无人机的气动性能起着决定性作用。其主要几何参数包括弦长、弯度、前缘半径和厚度等。翼型结构示意图如图 2-4 所示。

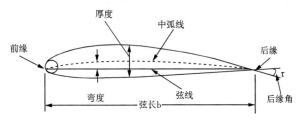

图 2-4 翼型结构示意图

翼型前后缘是指翼型水平方向的两个极值点，两点相连的直线称为弦线，弦线的长度称为弦长，它是前缘到后缘的直线距离，翼型的前缘和后缘还可以将翼型分为上下两个部分，必然存在一条连续线条使得该线条到翼型上下两个部分的垂直距离相等，该连续线条称为中弧线。很显然，当翼型上下对称时，中弧线为一条直线。垂直于翼弦的翼型上下表面之间的直线段长度称为厚度，翼型的最大厚度与弦长的比值称为最大相对厚度。中弧线到翼弦的最大垂直距离称为弯度，弯度与弦长的比值称为相对弯度，反映了上下翼面的外凸程度。

翼型经常使用其弯度与厚度数据作为命名方式，例如 NACA4 系翼型。图 2-5 所示为 NACA0006 翼型结构及其参数，表示其弯度为 0，最大厚度为 6%。

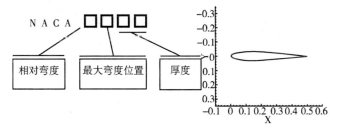

图 2-5 NACA0006 翼型结构及其参数

知识点❷ 机翼的平面形状

机翼的平面形状是指从无人机顶上看下来机翼在平面上的投影形状。按照平面形状的不同，机翼可分为矩形机翼、梯形机翼、后（前）掠机翼、S形前缘翼和三角形机翼等，如图 2-6 所示。

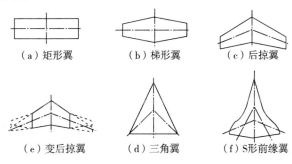

图 2-6 各类型机翼平面形状

最常见的是矩形机翼，其特点是横截面为矩形或近似矩形。矩形机翼应用广泛，常用于低速无人机上。

梯形机翼主要常见于战斗机，因其强大的爬升能力和机动性而被广泛应用。

后掠机翼通常出现在现代喷气式战斗机上，可降低其阻力，提高速度。前掠机翼多用于试验性的无人机设计中，目的是探索新的气动布局方式。

知识点❸ 翼面负载

翼面负载，也称翼载荷，是机翼每单位面积所承担的质量，这个参数反映了无人机设计中的一个重要权衡点，即机翼的承载能力和无人机的整体性能之间的关系。翼面负载越大，表明相同机翼面积要负担更大的质量，此时无人机的滑跑距离越长，抵抗突风干扰的能力也越强。

此外，翼面负载也是决定无人机机动性能、爬升性能和起降性能的关键参数，它是无人机质量与机翼参考面积的比值。其中无人机的质量多选择正常起飞质量，而机翼的面积则选择包含部分机身的机翼参考面积。

需要注意的是，翼面是指无人机的各种空气动力面，包括机翼、尾翼、操纵面（舵面、副翼）等；机翼是无人机的升力面，用来产生气动升力，保证无人机在使用技术要求所规定的所有飞行状态下的飞行性能和机动性能。

知识点❹ 展弦比

展弦比指机翼的翼展（长度）与其平均几何弦长之比，是衡量无人机机翼相对展张程度的重要参数。展弦比示意图如图2-7所示。具体来说，展弦比 λ 表示为

$$\lambda = \frac{l}{b} = \frac{l^2}{S}$$

式中，l 为机翼的展长；b 为几何弦长；S 为机翼面积。

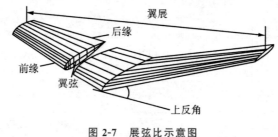

图2-7 展弦比示意图

知识点❺ 后掠角

后掠角是指从无人机的俯仰方向看，机翼1/4弦长连线自翼根到翼尖向后歪斜的角度。如果是机翼前缘线的歪斜角，则称前缘后掠角。在无人机的早期发展中，机翼是垂直于机身的，也就是说后掠角为零。然而，随着无人机速度的不断提高，为了降

低阻力，设计师开始将机翼向后偏转一定角度，从而产生了后掠角。后掠角的大小对无人机的飞行性能有显著影响。例如，当后掠角增大时，由于机翼的诱导阻力降低，无人机的机动性可以得到提高。

知识点❻ 梢根比

梢根比是机翼或其他升力面的梢弦与根弦的比值。

1. 梢根对无人机气动性能的影响

梢根的设计在无人机气动性能中扮演着非常重要的角色。梢根的尺寸和形状会直接影响无人机的升力和阻力，进而影响到无人机的飞行表现。例如，使用较小的梢根会减少无人机的阻力，从而提高其飞行速度和经济性。相反，使用较大的梢根会增加无人机的升力和阻力，从而改善其短场起降性能和飞行稳定性。

2. 梢根对飞机结构强度的影响

梢根对无人机的结构强度有着重要的影响。梢根是无人机机翼的衔接部分，起到了连接机翼和机身的作用。因此，在梢根的设计过程中，需要考虑到无人机所承受的各类负载，包括飞行载荷、地面静荷、风荷和惯性载荷等。如果梢根的结构设计不合理，或者材料选择不当，很容易导致梢根组件的破坏和断裂等严重事故。

3. 梢根对无人机燃油经济性的影响

梢根也对无人机的燃油经济性产生影响。一般来说，使用较小的梢根可以减少无人机的质量、阻力和抗风阻抗，从而降低其燃油消耗，提高经济性。而使用较大的梢根会增加无人机的质量和阻力，从而导致燃油消耗增加，降低经济性。

知识点❼ 机翼与机身安装位置

机翼的位置在无人机设计中是关键决策之一，因为它不仅影响无人机的外观和性能，还涉及无人机的运营和维护。根据机翼与机身的安装位置，无人机的机翼可以分为上单翼、中单翼和下单翼3种类型。

任务实施

本任务分组实施，团队成员合作，自行上网搜索民用无人机产品，了解其全机外观及结构形式。最终形成PPT向全班同学汇报。

任务目标

1. 认识无人机机翼的空气动力学相关知识。
2. 掌握无人机的各种空气布局与动力学之间的关系。

● 实训任务书

实训任务书见表2-7。

表2-7 实训任务书（3）

序号	布局名称	机翼类型	几何参数
1			
2			
3			
4			
5			
6			
7			
8			

任务分组

学生任务分配表见表2-8。

表2-8 学生任务分配表（3）

班级		组号		组长	
本组成员：					
任务分工：					

任务分析

1. 分组提交PPT并汇报任务实施结果。
2. 各组互相评价任务实施结果。
3. 教师结合各组完成情况进行点评、分析和总结。

评价反馈

评价反馈表见表2-9。

学习情境二　认识固定翼无人机的结构与原理

表 2-9　评价反馈表（3）

评价项目	自评	小组互评	教师评价
任务是否按计划时间完成			
相关理论完成情况			
任务完成情况			
任务创新情况			
语言表达能力及沟通协作能力			

▶ 项目二　固定翼无人机的飞行原理

项目描述

无人机的种类有很多，按飞行平台构型来说可以分为多旋翼无人机、无人直升机及固定翼无人机，也有少量无人机采用了伞翼无人机、扑翼无人机和无人飞船等形式。固定翼无人机具有飞行速度快、飞行距离长、飞行高度高的特点，所以在有大航程、高海拔的需求下往往都采用固定翼无人机，如中国航空工业集团公司成都飞机设计研究所自主研制的翼龙-2无人机等。本项目将介绍固定翼无人机的飞行原理。

工作任务一　固定翼无人机升力的产生

任务描述

固定翼无人机之所以能翱翔天空，是因为有升力的产生。而升力是如何产生的呢？影响升力的因素有哪些？本工作任务将解决这两个问题，从而让学生更加深入地了解固定翼无人机。

知识点❶　迎角

1. 迎角的定义

迎角又称攻角（angle of attack），是指相对气流与机翼弦线之间的夹角，如图 2-8

所示。飞行时，作用在机翼上的空气动力与迎角有关。在一定迎角范围内，增大迎角，升力系数和阻力系数都将增大。为了获得足以平衡无人机重力的升力，无人机高速飞行时以小的正迎角飞行，无人机低速飞行时以较大迎角飞行。

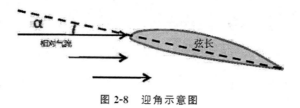

图 2-8 迎角示意图

2. 迎角的种类

迎角分为正迎角与负迎角。相对气流方向指向机翼上表面，为负迎角；相对气流方向指向机翼下表面，为正迎角；气流方向与翼弦重合，迎角为 0°。

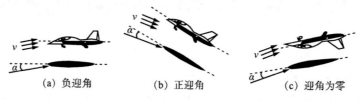

(a) 负迎角　　(b) 正迎角　　(c) 迎角为零

图 2-9 正负迎角示意图

零升迎角是指升力（升力系数）为零时的迎角，是零升力线与弦线之间的夹角。在这一迎角附近，机翼的阻力最小。对称翼型的零升迎角等于零，非对称翼型的零升迎角不等于零。具有正弯度的翼型，其零升迎角为一个小的负角度。

失速迎角（攻角）也称临界迎角（攻角）。在失速发生前的一段范围内，无人机的升力系数与机翼迎角呈线性关系，当机翼迎角增大到某一临界点时，气流与机翼的分离点开始前移，升力系数开始急剧下降，此时迎角即是失速迎角。

知识点❷　雷诺数 Re

雷诺数（reynolds number）记作 Re，是一种可用来表征流体流动情况的无量纲数。$Re=\rho v d/\mu$，其中 v、ρ、μ 分别为流体的流速、密度与黏性系数，d 为一特征长度。例如，流体流过圆形管道，则 d 为管道的当量直径。利用雷诺数可区分流体的流动是层流还是湍流，也可用来确定物体在流体中流动所受到的阻力。高空大气密度温度降低，运动黏度系数增大。

知识点❸　马赫数 Ma

马赫数（Ma）是速度与音速的比值，音速（即声音的传播速度）在不同高度、温度与大气密度等状态下具有不同数值，只是一个相对值，$1Ma$ 的具体速度并不固定。

例如,在海平面附近 $1Ma≈340$ m/s,而在 5 km 的高空 $1Ma≈320$ m/s。马赫数小于 1 的为亚音速,马赫数大于 5 的为超高音速。

知识点❹ 升力

1. 升力的定义

升力是垂直于气流方向指向上方的力,其本质是机翼上下表面因气流速度不同而导致机翼上下表面存在压强差,压强差产生的力即为升力。升力的产生示意图如图 2-10 所示。

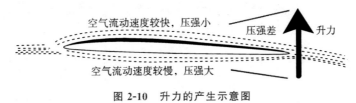

图 2-10 升力的产生示意图

2. 升力的计算公式

升力的计算公式为

$$L = \frac{1}{2}\rho v^2 S C_l$$

式中,L 为总升力(单位为 N);C_l 为升力系数(无量纲),是通过风洞试验测出或数值仿真获得的系数。对机翼的翼型与迎角对升力系数有影响,展弦比和速度等参数对升力系数也有影响;S 为机翼的面积(单位为 m^2);v 为无人机的真空速(单位为 m/s),这里应注意区分无人机的真空速和地速;ρ 为大气密度(单位为 kg/m^3),大气密度与当地海拔高度、气温、湿度有关。

3. 迎角对升力的影响

如图 2-11 所示,在小于临界迎角范围内增大迎角 α,升力系数 C_l 增大。超过临界迎角后,再增大迎角,升力系数反而减小。

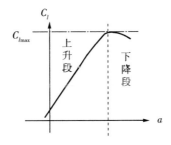

图 2-11 迎角与升力系数的关系

4. 飞行速度和空气密度对升力的影响

飞行速度越大，升力越大。升力与飞行速度的平方成正比，即速度增大到原来的 2 倍，升力和阻力增大到原来的 4 倍。

空气密度增大，升力增大。升力与空气密度成正比。

5. 机翼对升力的影响

不同的翼型具有不同的气动特性，升力自然也不同。机翼面积大，升力大，阻力也大。升力和阻力都与机翼面积的大小成正比。机翼形状对升力、阻力有很大影响，从机翼切面形状的相对厚度、最大厚度位置、机翼平面形状、襟翼和前缘翼缝的位置到机翼结冰都对升力、阻力有较大影响；无人机表面光滑与否对摩擦阻力也会有影响，无人机表面相对光滑，阻力相对也会较小；反之则大。

任务实施

本任务分组实施，团队成员合作，自行上网搜索 NACA0012 翼型的论文，认识关于雷诺数、马赫数和迎角等参数对该翼型升力的影响，了解关于无人机升力的知识。最终形成 PPT 向全班同学汇报。

任务目标

1. 认识不同类型的固定翼无人机。
2. 掌握固定翼无人机升力产生的过程。

实训任务书

实训任务书见表 2-10。

表 2-10 实训任务书（4）

序号	任务名称	任务描述
1	确定翼型	NACA0012
2	雷诺数对翼型升力的影响	搜索论文，认识在其他参数不变的情况下，雷诺数变化对该翼型的升力会产生何种影响
3	马赫数对翼型升力的影响	搜索论文，认识在其他参数不变的情况下，马赫数变化对该翼型的升力会产生何种影响
4	迎角对翼型升力的影响	搜索论文，认识在其他参数不变的情况下，迎角变化对该翼型的升力会产生何种影响

学习情境二　认识固定翼无人机的结构与原理

任务分组

学生任务分配表见表 2-11。

表 2-11　学生任务分配表（4）

班级		组号		组长	
本组成员：					
任务分工：					

任务分析

1. 分组提交 PPT 并汇报任务实施结果。
2. 各组互相评价任务实施结果。
3. 教师结合各组完成情况进行点评、分析和总结。

评价反馈

评价反馈表见表 2-12。

表 2-12　评价反馈表（4）

评价项目	自评	小组互评	教师评价
任务是否按计划时间完成			
相关理论完成情况			
任务完成情况			
任务创新情况			
语言表达能力及沟通协作能力			

工作任务二　改善机翼气动性能的方法

任务描述

当我们了解了固定翼无人机升力的产生，随之而来的问题是如何去设计改善升力大小，从而使得固定翼无人机能高效地利用气动性能。本工作任务中，我们将学习改进机翼气动性能的一些方法，如增加机翼的可动舵面和边界层控制等。

任务学习

知识点❶　前缘缝翼

1. 前缘缝翼的定义

前缘缝翼是安装在基本机翼前缘的一段或者几段狭长小翼，是一种提高无人机临界迎角的增升装置。前缘缝翼可分为固定式前缘缝翼和可动式前缘缝翼。当前缘缝翼打开时，它与基本机翼前缘表面形成一道缝隙，下翼面压强较高的气流通过这道缝隙得到加速而流向上翼面，增加了上翼面附面（边界）层中气流的附着能量，降低了机翼上下的压强差，增大了飞机的临界失速迎角，避免了大迎角下的失速，提高了升力系数。

知识点❷　前缘襟翼

1. 前缘襟翼的定义及作用

前缘襟翼是指位于机翼前缘的襟翼。一般后缘襟翼有一个缺点，就是当它向下偏转时，虽然能够增大上翼面气流的流速，从而增大升力系数，但同时也使得机翼前缘处气流的局部迎角增大，当无人机以大迎角飞行时，容易导致机翼前缘上部发生局部气流分离，使无人机的性能变差。如果此时采用前缘襟翼，不但可以消除机翼前缘上部的局部气流分离，改善后缘襟翼的增升效果，而且其本身也具有增升作用。前缘襟翼的作用是干扰气流的分离时间。在大迎角时，前缘襟翼向下偏转，减小机翼的迎角，延迟气流分离的时间，避免无人机失速。

2. 影响前缘襟翼的因素

前缘襟翼设计主要控制其展长和弦长，若展长在 0.8 翼展范围内可以分内、外两段。如果机翼前有边条或鸭翼，则翼展长应从鸭翼翼梢和边条的外侧开始算起。靠近机翼根部的前缘襟翼弦长一般在当地弦长 15%～20% 的范围内，靠近梢部的前缘襟翼弦长则一般在当地弦长 20%～30% 的范围内。

知识点 ❸ 后缘襟翼

1. 后缘襟翼的定义

后缘襟翼安装在机翼后缘，能向下偏转或向后伸出，可以增大机翼弯度和面积。

2. 后缘襟翼的作用

（1）提供无人机起飞最佳的升阻比。无人机起飞时需借助机翼产生升力，所以飞行阻力越小越好。因此机翼的升力/阻力便是无人机起飞最重要的性能指标之一。在发动机的大推力下，无人机离地而起，向上爬升时，前、主起落架收上，加速爬升，直至转入平飞巡航状态。期间，无人机的升阻比对无人机的爬升起到很重要的作用。而后缘襟翼就能够提高无人机升阻比，大大改善无人机的爬升性能，增大无人机的起飞质量，减少发动机推力。

（2）提供无人机着陆的最大升力系数及无人机最佳进场状态。在着陆前的进场过程中，无人机需要在下降过程中尽量保持自身迎角在最佳着陆迎角附近。着陆迎角一般大于起飞迎角，升力系数较高，对应的飞行速度较低，这可以有效降低滑跑长度。

（3）无人机高速巡航时的阻力最小。襟翼在起飞和着陆过程中起很大作用，但它会对无人机长时间巡航飞行的性能产生影响。这种影响主要体现在襟翼整流罩对无人机飞行产生的空气摩擦阻力。采用直线滑轨的运动形式或将襟翼运动装置（滑轨-滑轮架、作动器）顺气流布置都可以大大减少气动阻力。

知识点 ❹ 边界层控制

工程上有时希望减小物体的阻力，为达到此目的，往往采用控制边界层的方法使整个流动向人们希望的方向发展。为了实现边界层的主动控制，人们创造出了抽吸边界层或加速边界层等方法，试图延缓或避免分离。在实际应用中，边界层主动控制较为复杂，目前仍在试验探索阶段。

知识点 ❺ 扰流板

扰流板，顾名思义扰乱气流，用来破坏机翼气动外形，减小升力增大阻力。扰流板分为飞行扰流板和地面扰流板。扰流板的作用如下：

（1）减速。增大迎风面积，增大阻力，从而减速。

（2）帮助转弯。转弯时下沉机翼一侧扰流板升起，减小升力，增大阻力，有利于形成坡度，从而帮助转弯。

> **任务实施**
>
> 本任务分组实施，团队成员合作，自行上网搜索无人机产品，了解并选中一款分析其翼型前缘和后缘上的增升装置。最终形成PPT向全班同学汇报。

实训任务书

实训任务书见表2-13。

表2-13 实训任务书（5）

序号	任务名称	任务描述
1	确定型号	
2	明确前缘增升装置	明确前缘有无增升装置，若有增升装置则明确其使用了什么增升装置。该增升装置具有什么优势？
3	明确后缘增升装置	明确后缘有无增升装置，若有增升装置则明确其使用了什么增升装置。该增升装置具有什么优势？

任务分组

学生任务分配表见表2-14。

表2-14 学生任务分配表（5）

班级		组号		组长	
本组成员：					
任务分工：					

任务分析

1. 分组提交PPT并汇报任务实施结果。
2. 各组互相评价任务实施结果。
3. 教师结合学生完成情况进行点评、分析和总结。

评价反馈

评价反馈表见表2-15。

学习情境二　认识固定翼无人机的结构与原理

表2-15　评价反馈表（5）

评价项目	自评	小组互评	教师评价
任务是否按计划时间完成			
相关理论完成情况			
任务完成情况			
任务创新情况			
语言表达能力及沟通协作能力			

工作任务三　固定翼无人机的飞行阻力

任务描述

固定翼无人机在飞行时会遭受飞行阻力，包括诱导阻力和摩擦阻力。诱导阻力是随升力而产生的，如果没有升力，也就不存在诱导阻力。无人机的诱导阻力主要来自机翼，当机翼产生升力时，下面的压力比上面的大，下表面的空气就会绕过翼尖向上表面流去，这样就会在翼尖部分形成扭转的翼尖涡流。摩擦阻力则是指无人机在飞行过程中与空气分子之间发生摩擦而产生的阻力。本工作任务将介绍阻力产生的原因及阻力的分类。

任务学习

知识点❶　附面层

1. 附面层的定义

水、空气或其他低黏滞性流体沿固体表面流动或固体在流体中运动时，在高雷诺数的情况下，附于固体表面的一层流体称为边界层。以空气为例，空气流过物体时，由于物体表面不是绝对光滑的，加之空气具有黏性，所以紧贴物体表面的一层空气受到阻滞，流速减小为零。这层流速为零的空气又通过黏性作用影响上一层空气的流动，使上层空气流速减小。如此一层影响一层，在紧贴物体表面就出现了流速沿物面法线方向逐渐增大的薄层空气，通常将这一薄层空气称为附面层。

2. 附面层对飞行阻力的影响

附面层能量损失大，会造成显著的阻力增加。附面层对飞行阻力的影响：附面层由于摩擦等原因发生能量损失→附面层内空气流速显著降低→附面层内速度变化造成分离→主流气流分离→从分离点之后出现尾迹区→分离区（包括尾迹区和分离气泡，但是分离气泡一般不影响阻力）内压强相等，等于分离点压强→分离点压强小于前驻点压强，造成物体后部压力低于前部→阻力产生。

知识点❷ 摩擦阻力

1. 摩擦阻力的定义

摩擦阻力是指流体在滑动时，流经滑动部位所产生的阻力。它是由流体黏性及其在管道内运动时与管壁之间接触而形成的，是由于流体变形所产生的势能变化所引起的。另外，流体的流动速度会对摩擦阻力产生影响。

2. 影响摩擦阻力的因素

（1）表面性质。一方面，由于污染、化学热处理、电镀和润滑剂的作用等，在金属表面形成一层极薄的表面膜（如氧化膜、硫化膜、磷化膜、氯化膜、铟膜、镉膜、铝膜等），使表层具有与基体不同的性质。若表面膜在一定厚度内，实际接触面积仍大于基体材料而不是表面膜，同时可使表面膜的抗剪强度低于基体材料的抗剪强度；另一方面，因表面膜的存在而不易发生黏着，因此摩擦力和摩擦因数可随之降低。

表面膜厚度对摩擦因数也有很大影响。若表面膜太薄，膜易被压破而出现基体材料的直接接触；若表面膜太厚，一方面因膜较软而使实际接触面积增大，另一方面两对偶表面上的微峰在表面膜上的犁沟效应也较为突出。可见，表面膜应有一个最佳厚度。

（2）材料性质。金属摩擦副的摩擦因数随配对材料的性质不同而异。一般来说，相同金属或互熔性较大的金属摩擦容易发生黏着，其摩擦因数较大；反之，摩擦因数较小。不同结构的材料具有不同的摩擦特性。例如，石墨因具有稳定的层状结构且层间的结合力小，容易滑动，故摩擦因数较小；金刚石配对的摩擦副因硬度高、实际接触面积小而不易发生黏着，其摩擦因数也较小。

（3）温度。周围介质温度对摩擦因数的影响，主要是由于表层材料性质发生变化而引起的。鲍登等人的试验表明，许多金属（如钼、钨、铬等）及其化合物的摩擦因数，在周围介质温度为700～800℃时出现最小值。出现这种现象是因为最初温升使抗剪强度下降，温升又使屈服点急剧下降，从而引起实际接触面积增大许多。但高聚物摩擦副或压力加大时，摩擦因数随着温度的改变将出现极大值。由此可见，温度对摩擦因数的影响是多变的，受工况条件、材料特性、氧化膜变化等因素的影响而使温度与摩擦因数的关系变得十分复杂。

（4）载荷。一般情况下，金属摩擦副的摩擦因数随载荷增大而降低，然后趋于稳定，这种现象可用黏着理论加以解释。当载荷很小时，两对偶表面处于弹性接触状态，这时实际接触面积与载荷的2/3次方成正比，而按黏着理论，摩擦力与实际接触面积成正比，因此摩擦因数与载荷的 1/3 次方成反比；当载荷较大时，两对偶表面处于弹塑性接触状态，实际接触面积与载荷的（2/3～1）次方成正比，因此摩擦因数随载荷增大而较慢降低并趋于稳定；当载荷大到两对偶表面处于塑性接触状态时，摩擦因数与载荷基本无关。

静摩擦因数的大小还与两对偶表面在载荷作用下静止接触延续的时间有关。一般情况下，静止接触延续时间越长，静摩擦因数越大。

（5）表面粗糙程度。在塑性接触情况下，由于表面粗糙度对实际接触面积的影响很小，因此可认为摩擦因数几乎不受表面粗糙度的影响。对于弹性或弹塑性接触的干摩擦副，当表面粗糙度值很小时，机械作用也就较小，而分子力作用较大；反之亦然。可见，摩擦因数随表面粗糙度的变化会有一个极小值。

以上因素对摩擦因数的影响都不是孤立的，而是相互联系、相互影响的。

知识点❸ 压差阻力

1. 压差阻力的定义

压差阻力是指流体所受到的压力，是由流体的二次流动（如湍流）而产生的。

2. 压差阻力和摩擦阻力的区别

压差阻力与摩擦阻力的区别是压差阻力不随流速变化而变化，而是取决于流体的温度和密度的改变。压差阻力与摩擦阻力相同时，压差阻力也会随着管道形状、尺寸和表面粗糙度等变化而变化。

知识点❹ 干扰阻力

1. 干扰阻力的定义

无人机上除了摩擦阻力、压差阻力以外，还有一种干扰阻力。所谓干扰阻力，就是无人机各部分之间由于气流相互干扰而产生的一种额外阻力。实践表明，无人机的各个部件，如机翼、机身、尾翼等，单独放在气流中所产生的阻力的总和并不等于整体所产生的阻力，而是往往小于把它们组成一个整体时所产生的阻力。

2. 减小干扰阻力的方法

从干扰阻力产生的原因来看，它显然与无人机不同部件之间的相对位置有关。设计无人机时，应考虑它们的相对位置，使得其压强的增加不大也不急剧，干扰阻力就会减小。对于机翼和机身之间的干扰阻力来说，中单翼的干扰阻力最小，下单翼的干扰阻力最大，上单翼的干扰阻力居中。另外，还可以采取在不同部件的连接处加装流线型的整流片或整流罩的方法，使连接处圆滑过渡，尽可能减小流管的收缩与扩张，继而减少漩涡的产生，也可减少干扰阻力。

知识点❺ 诱导阻力

1. 诱导阻力的定义

诱导阻力是机翼所独有的一种阻力。因为这种阻力是伴随着机翼上升力的产生而产生的。升力的产生来源于机翼上、下表面的压强差，即下表面的压强大于上表面的压强。翼尖附近的气流在压差的作用下会由下向上绕，这样既减小了升力，又产生了阻力，这就是诱导阻力。因此可以说它是为了产生升力而付出的一种代价。

2. 减小诱导阻力的方法

减小诱导阻力的方法如下：增大展弦比，选择适当的平面形状；增加翼尖小翼。

知识点❻ 阻力特性

阻力的主要特性包括：①阻力的大小与无人机的速度平方成正比，这意味着速度稍微提高一点，阻力就会显著增大；②不同的物体形状和大小会产生不同的阻力系数，从而影响阻力的大小；③阻力还取决于流体的性质，如密度、黏度等。不同种类的流体对阻力的影响程度也不同。

知识点❼ 影响阻力的因素

（1）流体的密度。流体的密度越大，流体阻力就越大。

（2）流体的流动速度。流体的流动速度越快，流体阻力就越大。

（3）流体流动的通道的形状和尺寸。流体流动的通道形状越细长，或者尺寸越小，流体阻力就越大。

（4）流体流动的黏度。流体的黏度越大，流体阻力就越大。

（5）流体流动的温度。流体的温度越高，流体的黏度就越小，流体阻力就越小。此外，在湍流状态下，流体阻力比在层流状态下大。

（6）翼型形状。目前已有的翼型形状成千上万，不同翼型有其合适的速度区间，其阻力表现也各不相同。

（7）机翼在气流中的相对位置（迎角）、气流的速度、空气密度及无人机本身的特点（如面质量、机翼形状、机翼面积、副翼状态等）也会影响升力和阻力。

任务实施

本任务分组实施，团队成员合作，自行上网搜索无人机产品，小组讨论该无人机的外形有哪些减阻设计，并探讨在减阻方面是否有提升的空间。最终形成PPT向全班同学汇报。

学习情境二　认识固定翼无人机的结构与原理

任务目标

1. 理解和掌握影响阻力的主要因素。
2. 通过试验或模拟、观察和分析不同因素对阻力的影响。
3. 提出减少阻力的策略和方法。

实训任务书

实训任务书见表 2-16。

表 2-16　实训任务书（6）

序号	任务名称	任务描述
1	确定型号	
2	已有的减阻设计	
3	新的减阻方案	

任务分组

学生任务分配表见表 2-17。

表 2-17　学生任务分配表（6）

班级		组号		组长	
本组成员：					
任务分工：					

任务分析

1. 分组提交 PPT 并汇报任务实施结果。
2. 各组互相评价任务实施结果。
3. 教师结合各组完成情况进行点评、分析和总结。

评价反馈

评价反馈表见表 2-18。

表 2-18 评价反馈表（6）

评价项目	自评	小组互评	教师评价
任务是否按计划时间完成			
相关理论完成情况			
任务完成情况			
任务创新情况			
语言表达能力及沟通协作能力			

工作任务四　固定翼无人机综合气动性能

任务描述

固定翼无人机综合气动性能是指固定翼无人机在飞行过程中所受到的空气动作用，以及其在这种作用下的运动特性。固定翼无人机的气动性能主要包括升力、阻力、稳定性和操纵性等。升力作为固定翼无人机在飞行过程中最为关键的力量，是无人机得以升空并保持飞行状态的基础。这种向上的力源自于无人机机翼的特殊设计。当无人机前进时，机翼的形状使得空气流过其上表面和下表面的速度产生差异，从而形成压力差，进而产生升力。这种升力不仅支撑起无人机的质量，还使得无人机能够在空中做各种复杂的飞行动作。与升力相对应的是阻力，它是固定翼无人机在飞行过程中遇到的主要障碍。阻力主要表现为向下的力，它来源于空气对无人机机身和机翼的摩擦以及由于无人机运动而产生的气流扰动。阻力不仅会降低无人机的飞行速度，还会消耗其动力，使其飞行距离受到限制。为了克服阻力，无人机的设计者需要精心调整无人机的外形和质量分布，以减小阻力的影响。

总体来说，升力和阻力是固定翼无人机飞行过程中不可或缺的两个力。它们相互作用，共同影响无人机的飞行性能和稳定性。只有合理平衡和调控这两种力，才能确保固定翼无人机在空中稳定、高效地飞行。稳定性是指固定翼无人机在受到扰动后能否回到原来的平衡状态；操纵性是指固定翼无人机在受到控制指令后能否准确地响应。本工作任务就是了解固定翼无人机的综合气动性能。

知识点 ❶ 升阻比曲线

升阻比曲线用于描述无人机在不同攻角下升力系数（L）与阻力系数（D）之比的变化情况，即 L/D。当无人机以最大升阻比所对应的飞行状态飞行时，其气动效率是最高的。当升阻比最大时，所对应的飞行迎角称为有利迎角。

从零升迎角到有利迎角，升力增加较快，阻力增加缓慢，因此升阻比增大；从有利迎角到临界迎角，升力增加缓慢，阻力增加迅速，导致升阻比减小。

需要注意的是，升力系数和阻力系数均受迎角的影响。

知识点 ❷ 极曲线

1. 极曲线的定义

极曲线衡量了无人机的升阻特性，其横坐标为升力系数，纵坐标为阻力系数，一般通过数值模拟、风洞试验或飞行试验获得。

一般来说，极曲线是一条由多个数值点拟合出来的曲线。每个数值点代表无人机在某一个迎角下的升力系数和阻力系数。随着迎角的变化，升力和阻力也会发生变化，从而形成一条完整的极曲线。这条曲线可以帮助我们更好地理解和掌握无人机的飞行特性。

2. 极曲线对无人机设计的重要性

在无人机设计过程中，设计师通常会依据极曲线来调整和优化飞机的气动布局，比如机翼的形状、面积等，以便达到最佳的飞行性能。此外，极曲线还可以用于预测无人机的升阻特性，这对于无人机的性能评估及后续的飞行试验都具有十分重要的意义。

总体来说，极曲线可以为无人机设计提供科学依据和参考，使无人机在满足飞行性能要求的同时，也能实现最优的气动效率和经济效益。

知识点 ❸ 地面效应

1. 地面效应的定义

地面效应，又称翼地效应或翼面效应，是运动物体贴近地面运行时，地面对物体产生的空气动力干扰。地面效应的本质主要有两个：一个是流线被阻断，也就是气体靠近地面时必须平行于地面运动；二是地面摩擦造成动压损失。

2. 地面效应在无人机设计中的重要性

地面效应对无人机设计具有重大影响。首先，地面效应可以增加无人机的升力和稳定性，这是因为当无人机接近地面时，地面会阻断流线并改变气流方向，使得空气绕飞行器的流动特性发生变化，从而增大升力和降低阻力。其次，地面效应可以提高无人机的机动性和控制性，因为地面摩擦造成的动压损失可以影响无人机的运动状态，使其更易于控制。因此，在无人机的设计过程中，需要充分考虑地面效应的影响，以优化气动性能和飞行表现。尤其在固定翼无人机的结构设计中，这一影响尤为重要。

任务实施

本任务分组实施，团队成员合作，自行上网搜索无人机产品，并选中一款分析无人机的综合气动性能。最终形成PPT向全班同学汇报。

任务目标

1. 认识不同类型的翼型。
2. 掌握固定翼无人机的设计过程。

实训任务书

实训任务书见表2-19。

表2-19 实训任务书（7）

序号	任务名称	任务描述
1	确定型号	
2	模拟设计过程	
3	总结改善后数据	

任务分组

学生任务分配表见表2-20。

表2-20 学生任务分配表（7）

班级		组号		组长	
本组成员：					
任务分工：					

任务分析

1. 分组提交 PPT 并汇报任务实施结果。
2. 各组互相评价任务实施结果。
3. 教师结合各组完成情况进行点评、分析和总结。

评价反馈

评价反馈表见表 2-21。

表 2-21 评价反馈表（7）

评价项目	自评	小组互评	教师评价
任务是否按计划时间完成			
相关理论完成情况			
任务完成情况			
任务创新情况			
语言表达能力及沟通协作能力			

学习情景三

多旋翼无人机的结构与飞行控制原理

学习情景

2005年，稳定可靠的多旋翼无人机自动控制器研制成功。2006年，德国 Microdrones GmbH 公司推出 md4-200 四旋翼无人机，美国 Spectrolutions 公司推出了搭载稳定航拍视频系统的四旋翼无人机。2010年，法国 Parrot 公司推出了四旋翼无人机 AR.Drone，它操控简单，可以实现空中悬停，还能搭载相机把图像传送到手机上，在民用市场上大获成功。2013年，中国的大疆公司发布精灵4旋翼无人机，相比 AR.Drone，大疆的产品尺寸更大，可以有效抗风，具有内置 GPS 导航功能，还搭载了 GoPro 运动相机的连接架，使其成为"会飞的相机"。此后，多旋翼无人机进入大规模快速发展期。

多旋翼无人机（multirotor unmanned aerial vehicle，MUA）具有垂直起降、空中悬停、低空飞行和原地回转等独特的飞行技能；具有结构简单、机动灵活、便于携带、容易操作、体积小、质量轻等特点。基于上述飞行技能与特点，多旋翼无人机被广泛用于影视拍摄、飞行表演［图 3-1（a）］、快递运输［图 3-2（b）］、新闻报道、农业植保、电力巡检［图 3-1（c）］、消防灭火［图 3-1（d）］、地理测绘［图 3-1（e）］、环保检测［图 3-1（f）］、喷洒农药［图 3-1（g）］、海事检测［图 3-1（h）］等领域。

（a）飞行表演

（b）快递运输

（c）电力巡检

学习情景三　多旋翼无人机的结构与飞行控制原理

（d）消防灭火

（e）地理测绘

（f）环保检测

（g）喷洒农药

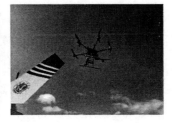
（h）海事检测

图 3-1　多旋翼无人机的应用场景

多旋翼无人机在农业方面的应用主要是农作物检测、农作物播种、喷洒农药及牧群监视与驱赶等方向。无人机携带农药可进行超低空喷洒，操作简单，较人力喷洒大幅提高了工作效率，降低了成本；与载人飞人机作业相比，无人机降低了飞行高度，提高了喷洒精度，避免了农药浪费和扩散伤害。多旋翼无人机携带病虫色谱摄影设备，可对农林植被进行病虫灾害监测和预警；多旋翼无人机携带实时图传或热成像仪等，可在大面积无人森林的火灾预防、偷伐制止等方面发挥巨大作用。目前市面上使用最多的植保无人机品牌是大疆与极飞，代表性机型有大疆 T16、MG-1P 以及极飞 P30 等。

多旋翼无人机装配高清数码摄像机和 GPS 定位系统，可实现定期沿电网进行定位自主巡航，开展全线沿路排查，确保电路安全。它实时传送拍摄影像，监控人员可在计算机上同步查看，提高电力检测的精度和效率，在电力工作中起到重要作用。目前市场上有代表性的电力巡检无人机生产商有大疆、纵横、远度及优飞智能。

多旋翼无人机通过云台携带高清摄像机，不仅将传统航摄的大场面优势发挥得淋漓尽致，而且以其机动、灵活等性能获得动感震撼的视频效果。代表机型有 DJI 悟 Inspire 2，它是目前最好的专业摄影无人机。

多旋翼无人机在环保领域的应用，主要包括环境监测、环境执法、环境治理 3 个方向。环境监测：观测空气、土壤、植被和水质状况，也可以实时快速跟踪和监测突发环境污染事件的发展；环境执法：环监部门利用搭载了采集与分析设备的无人机在特定区域巡航，监测企业工厂的废气与废水排放，寻找污染源；环境治理：携带催化剂和气象探测设备的多旋翼无人机在空中进行喷洒，可在一定区域内消除雾霾。

多旋翼无人机独特的飞行技能决定了它的应用前景。本项目将学习多旋翼无人机的系统结构与飞行原理。

工作任务一　多旋翼无人机的结构组成

任务描述

多旋翼无人机也称多轴无人机，其机身结构多种多样，根据可连接的机臂数量分为三轴、四轴、六轴、八轴。它们各有优势，根据应用场合不同可灵活选择。四轴无人机的优势是航时长，结构简单；六轴无人机和八轴无人机要比四轴无人机的续航时长少，但其飞行稳定性相对四轴无人机有所提高。六轴无人机和八轴无人机另外一个优点是在飞行过程中当其中一个机臂出现问题而造成电机停转后，其他机臂依然可以控制无人机保持平稳，这是四轴无人机所不具备的。在植保、电力巡检等行业中要求无人机续航时长长，可采用四轴飞行器；在航拍、摄影等要求无人机稳定、安全时，可采用六轴无人机。

多旋翼无人机的气动布局可分为"Y""＋""X"和"H"等，例如，图 3-2（a）所示为三旋翼无人机就是"Y"形结构；图 3-2（b）所示为四旋翼无人机是"X"形结构。由于"X"形结构的摄像机前方的视野更加开阔，且控制灵活，所以在实际应用中，多旋翼无人机大多采用"X"形外形结构。所以本工作任务主要基于"X"形四旋翼无人机展开讨论。多旋翼无人机如图 3-2 所示。

(a) 三旋翼无人机

(b) 四旋翼无人机

(c) 六旋翼无人机

(d) 八旋翼无人机

图 3-2　多旋翼无人机

学习情景三 多旋翼无人机的结构与飞行控制原理

任务学习

知识点❶ 机架

机架是指多旋翼无人机的机身框架，包括机身和起落架，如图3-3所示。它是整个飞行系统的飞行载体和受力部件。机架用于为多旋翼无人机提供稳定、坚固的平飞行台，吸收起降阶段的地面冲击，保证无人机安全起飞与降落，避免仪器设备受到损坏。

1. 典型机架各部分组成及其作用

（1）机身。机身包括机臂和中心板，是无人机其他结构的安装基础。它提供各种安装接口，包括固定电机、电调、飞控板的螺丝孔。它还用来装载各类设备、动力电池及燃料。机臂用于连接中心板与电机，其连接件结构硬度要高，否则会造成因机身振动而增大飞控姿态解算误差。

（2）起落架。起落架是多旋翼无人机唯一与地面接触的部位，在无人机起飞和降落时起到缓冲的作用，保护机载设备。起落架要求结构强度高，且与机身保持可靠的连接，能承受一定的冲力。一般在起落架前后安装指示灯或者涂上不同的颜色，用来区分多旋翼无人机飞行时的前后方向。

2. 机架轴距

轴距是多旋翼无人机的重要尺寸参数，是指两个处于正对角位置的电机轴心的距离，通常按照毫米计算。轴距越大，代表无人机整体尺寸越大，能用的螺旋桨的尺寸也越大。机架轴距用于表达机架的大小。例如常见的大疆风火轮F450，其轴距是450 mm，如图3-4所示。

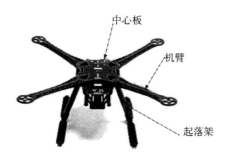

图3-3 多旋翼无人机的机架

图3-4 多旋翼无人机的机架轴距

3. 机架的分类

按照材质，机架分为塑胶机架［图3-5（a）］、玻璃纤维机架［图3-5（b）］和碳纤维机架［图3-5（c）］。

（1）塑料机架。其主要特点是具有一定的强度和韧性，且价格便宜，禁得住磕碰摔打。塑料在初级入门多旋翼无人机上有使用，例如，F450就是塑料材质的机架。

（2）玻璃纤维机架。这种机架主要由玻璃纤维制作而成，与塑胶机架相比具有更高的强度，价格相比碳纤维材料便宜很多。玻璃纤维机架在降落过程中遭到撞击或者意外也不用害怕被摔碎，并且由于玻璃纤维的加工性能好，还可以让其被加工成任意形状。

（3）碳纤维机架。碳纤维密度小、质量轻。将碳纤维复合材料应用于机架的制作，可以减少无人机15%左右的质量。相比其他两种机架，碳纤维机架具有更高的强度和刚度。碳纤维机架可以一体化成型，能够减少无人机的装配工艺及装配量；在无人机飞行过程中会具有减震效果，使飞行更稳定。它的缺点是碳纤维加工比较困难，价格偏高。碳纤维机架适合商业及工业级无人机。

（a）塑料机架　　　　（b）玻璃纤维机架　　　　（c）碳纤维机架

图3-5　机架分类

知识点❷　电机

电机（electric machinery），俗称"马达"，是指依据电磁感应定律将电能转换为机械能的一种电磁装置。它的主要作用是产生驱动转矩，可作为用电器或各种机械的动力源。

电机是多旋翼无人机的主要动力源。多旋翼无人机可以通过改变电机的转速来改变其飞行状态，即改变每个电机的速度，使多旋翼无人机能够悬停在空中，或上升或下降或向各个方向移动。

1. 无刷电机的结构组成

多旋翼无人机的电机主要为外转子无刷直流电机，由永磁外转子、定子、轴承、主轴及底座组成，如图3-6所示。其中外转子包含与螺旋桨安装的组件，以便于与螺旋桨固定安装；定子上有安装螺纹，使用螺栓与电机安装座进行固定安装。

(a) 无刷电机结构图　　　　　　　　(b) 无刷电机剖面图

图 3-6　无刷电机结构图及剖面图

（1）定子。定子的作用是产生旋转磁场部分，能够支撑转子进行旋转

①定子铁芯。定子铁芯由硅钢片叠压而成，内圆表面开有槽，用于布置定子绕组。它在整个系统中的作用主要是降低磁阻、参与磁路运转。普通的固定翼无人机电机采用 0.35 mm 硅钢片。直升机和涵道机电机采用 0.2 mm 硅钢片。大多数的多轴电机都使用 0.2 mm 单片的硅钢片，目的是降低铁耗。

②定子绕组：漆包线。

（2）外转子。外转子是在定子旋转磁场的作用下进行旋转的部件。它主要由转轴、磁铁和支持件构成。除此之外，定子与转子组成的磁极对数还会影响电机的转速与扭力。

外转子无刷电机的外壳同时也是磁铁的磁路通路，所以必须由导磁性的物质构成。外转子上粘有已充磁的永磁体，永磁体采用高磁能级的稀土材料钕铁硼磁铁，钕铁硼磁铁的磁性是铁氧体磁铁磁性的 3 倍。

定子与外转子如图 3-7 所示。

图 3-7　定子与外转子

2. 无刷电机的工作原理

无刷直流电机由转子、定子和位置传感器 3 部分组成。定子线圈通电后产生的磁场相当于一个条形磁铁。转子上的永磁体被定子线圈产生的磁场吸引后转动。位置传感器检测

转子磁极相对定子绕组的位置，并在确定的位置处产生位置传感信号，经信号转换电路处理后去控制功率开关电路，将定子绕组的电流按一定顺序进行换流，从而改变输入到无刷电机定子线圈上的电流波交变频率和波形，在绕组线圈周围形成一个绕电机几何轴心旋转的磁场，这个磁场驱动转子上的永磁磁钢转动，电机就转起来了。

3. 无刷电机的主要参数

（1）无刷电机的型号。无刷电机的型号主要以尺寸为依据。在无刷电机的铭牌上有一组4位数字，如2212、2312等，用它来表示电机的尺寸，前面两位数字是电机转子的内直径，后面两位数字是电机转子的高度，单位为mm。例如，2312电机的定子线圈的直径为23 mm，轴转子线圈的高度为12 mm。前面两位数字越大，电机越"肥"，后面两位数字越大，电机越高。高大粗壮的电机，功率就更大，适合做大型多旋翼无人机。无刷电机的型号如图3-8所示。

(a) 2212/920　　　　　　　　　(b) 2312/960

图3-8　无刷电机的型号

（2）KV值。在无刷电机的铭牌尺寸旁边还有一组数字，如960 KV，如图3-8（b）所示。KV值是无刷电机独特的一个性能参数，用于衡量电机转速对电压增加的敏感度。

无刷电机KV值定义为输入电压每增加1 V，无刷电机空转转速增加的转速值，单位为转速/V。通过KV值可以直观地了解到无刷电机在具体的工作电压下的具体转速。

其计算公式为

$$实际转速＝KV值×工作电压$$

例如，2312/960 KV电机在10 V电压下的转速就是960×10＝9 600（r/min）。无刷电机的转速与电压呈正比例关系，电机的转速会随着电压的上升而呈线性上升。

相同的电机具有不同的KV值，用的螺旋桨也不一样，每台电机都会有一个推荐的螺旋桨。如果螺旋桨配得过小，就不能发挥最大推力；若螺旋桨配得过大，则电机会过热和退磁，造成电机性能下降。KV值小的电机，其绕线匝数更多、更密，能承受更大的电流；相反，KV值大的电机，其绕线匝数少，产生的扭矩小，适合驱动小尺寸的螺旋桨。

同系列同外形尺寸的无刷电机，根据绕线匝数的多少，会表现出不同的 KV 特性。绕线匝数多的电机，KV 值低，最高输出电流小，扭力大，可以产生更大的扭矩去驱动更大尺寸的螺旋桨；绕线匝数少的电机，KV 值高，最高输出电流大，扭力小。

（3）额定电压。额定电压是指无刷电机适合的工作电压。实际上，无刷电机适合的工作电压非常广泛。额定电压是根据指定的负载条件而得出的。例如，2212/850 KV 电机指定了 1045 螺旋桨的负载，其额定工作电压就是 11 V。如果减小负载，例如带 7040 螺旋桨，那这台电机完全可以在 22 V 电压下工作。但是这个工作电压也不是无限上升的，主要受限于电子控制器支持的最高频率。所以说，额定电压是由工作环境决定的。

知识点❸ 电子调速器

电子调速器（electronic speed control，ESC），简称电调，在无人机上的主要作用是将电池提供的直流电转换为可直接驱动电机的三相交流电，并根据控制信号调节电机转速。这里的控制信号是指来自飞行控制系统或接收机的控制信息。另外，电子调速器还具有稳压作用，在信号线的正负极之间有 5 V 左右的稳定电压输出，为遥控器接收机和其他通道舵机供电。

1. 电子调速器的连接

（1）电调的输入线与电池连接。电调的其中一端有两根线，一根红色线和一根黑色线，红色线接电池正极，黑色线接电池负极，用于连接电池。

（2）电调的输出线与电机连接。无刷电调的另一端有 3 根电线，将电调连接到无刷电机。如果无刷电机与电调连接后旋转方向发生错误，切换任意两根线都会使其旋转方向变正确。

（3）电调的信号线与飞行控制系统连接。信号线是三组线中最细的，有白、红、黑三色线和白、黑两色线两种，其中白色是 PWM 信号线，黑色是负极。信号线是白黑两色线，只能传输信号，如图 3-9（a）所示；信号线是白、红、黑三色线，这个电调就可以输出 5 V 左右的稳定电压，为遥控器接收机和其他通道舵机供电，如图 3-9（b）所示。

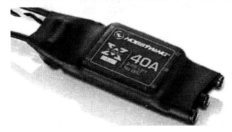
（a）40 A（不带 BEC）

（b）30 A（带 BEC）

图 3-9 无刷电调

2. 无刷电调的主要参数

（1）最大持续电流。最大持续电流是无刷电调最主要的参数，通常用安培（A）

来表示。最大持续电流是指电调在正常工作时的持续输出电流。在选择电调时,需要考虑安全裕度,电机所允许的最大输入电流要小于电调的最大持续电流,否则会烧掉电调。例如,电机在全油门下需要 18 A 的电流,匹配的电调的持续输出电流要大于 18 A,考虑到余量安全性,建议选择加 30% 以上的电流,18 A 的电流建议选择 25~30 A 持续输出电流的电调。选择持续输出电流不要太大,否则会浪费电调的能力,并且持续输出电流越大的电调,价格越贵,也越重。

(2) 峰值电流。峰值电流是指电调所能承受的最大瞬时电流,如 40 A/10 s,若超过这个短暂时间继续以这个电流输出,会损坏电调。所以瞬间电流能持续的时间有限,在这个电流下不能长期工作。

(3) 输入电压。电调在正常工作时所允许的输入电压的范围,除了直接写上电压范围,通常也会用电池节数来表示。如图 3-9 (b) 所示,在电调的铭牌上标注"2-4SLIPO"字样,表示这个电池适用于 2~6 节锂电池。使用时确保电调在有效工作电压范围内。40 A 的电调,使用电压为 2~6 V(串连 2~6 块 3.7 V 电池),由 3.7×2=7.4,3.7×6=22.2 可知,这个标注的意思是,使用电压区间为 7.4~22.2 V。

(4) BEC 输出。BEC 输出是指电调带有电源输出功能。如图 3-9 (b) 所示,电调在信号线的正负极之间有 5 V 左右的电压输出,通过信号线为接收机及舵机供电。BEC 输出根据转换方法不同可以分为线性稳压和开关稳压,线性稳压设计简单,价格便宜且易于使用,但是效率低。开关稳压内部设计复杂,效率高,但价格贵。

3. 电子调速器内部结构

电子调速器内部包括微控制器、栅极驱动器和 MOSFET,如图 3-10 所示。

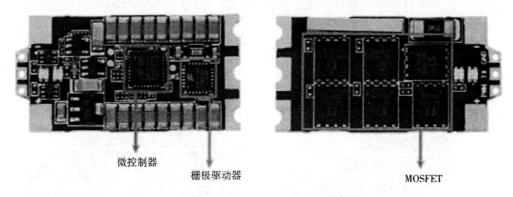

图 3-10　电子调速器内部结构

(1) 微控制器 (MCU)。微控制器在 ESC 的操作中有 3 个主要功能:
①作为固件载体来解析控制器发来的信号,并将解析后的信号馈送至控制回路中。
②跟踪电机的位置并确保其平稳加速。
③发送脉冲信号到栅极驱动器以实现所需的命令。

(2) 栅极驱动器。栅极驱动器的作用是充当控制器和 MOSFET 栅极之间的"中间人"。当接收到微控制器的低压信号后，栅极驱动器放大信号，并将高压信号传送到至 MOSFET。

（3）场效应晶体管。金属氧化物半导体场效应晶体管或 MOSFET 是为电机供电的选择性开关。无刷电调一共有 6 个这样的晶体管，电机的每根电线都连接到其中的两个晶体管上。MOSFET 接收来自微控制器的信号，然后向电机供电。

当电机旋转时，来自 MOSFET 的信号会切换线圈的相位，从而使转子保持旋转。ESC 使用直流电与开关系统耦合来提供交流三相电流，如图 3-11 所示。油门输入越高，开关频率越快，使得电机的转速更高。目前，有多种信号传输协议支持控制上述过程，每种协议都具备不同的性能和信号频率。

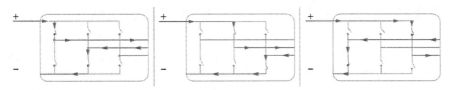

图 3-11　ESC 电路中开关的打开和关闭

4. 无刷电调工作原理

无刷电调是通过单片机控制 MOS 管来调节输出电压的，从而实现对电机进行调速。无刷电调内置了逆变器的功能，输出的是三相交流电，频率是 8 000 Hz，比日常家用电频率 50 Hz 高许多。正是因为其频率高，所以无刷电机功率变大，线圈只缠绕几匝（圈数）也不会短路。

无刷电调输入的是直流电，首先通过一个滤波电容来稳定电压；然后分成两路：一路是电调的 BEC 使用，BEC 是给接收机与电调自身单片机供电使用的，输出至接收机的电源线就是信号线上的红线和黑线；另一路是介入 MOSFET 管使用。电调上电，单片机开始启动，驱动 MOSFET 管振动，使电机发出"滴滴滴"的声音。启动后待命。有些电调带有油门校准功能，在进入待命前会监测油门的位置，如果油门在声音高位则进入电调行程校准，如果油门在中间则开始发出报警信号，电机会发出"滴滴"的声音；如果油门在低位则会进入正常工作状态。一切准备就绪后，电调内的单片机会根据 PWM 信号线上的信号决定输出电压的大小和频率的高低，以及驱动方向和进角多少来驱动电机的转速、转向。这就是无刷电调工作原理。在驱动电机运转时，电调内共有 3 组 MOSFET 管工作，每组 2 个极，一个控制正极输出，另一个控制负极输出，当正极输出时，负极不输出，当负极输出时，正极不输出，由此形成了交流电。同样，3 组 MOSFET 管都是这样工作的，它们的频率是 8 000 Hz。

知识点❹　电池

电池为多旋翼无人机提供能量。电池的好坏直接关系到无人机的悬停时长、最大负载量和飞行距离等重要指标。多旋翼无人机使用的电池种类通常为锂聚合物电池。

锂聚合物电池（lithium polymer，Li-Po）的特点是质量比镉、氢电池轻，放电倍率大，可以满足无人机在不同工作环境下的使用要求。

1. 单芯电池串并联

电池并联和串联主要是在电压和容量上有差别，无论是串联还是并联，锂电池组的输出功率都增加。串联时电压会增加而容量不变，并联时容量增加而电压不变。

通常用字母"S"表示电池串联，几S就是几片单芯电池串联，如2S、3S、4S、6S、12S等。电池串联后的总电压等于每片单芯电池电压总和，电池串联后总电压变大，但电池总容量保持不变；用字母"P"表示电池并联，电池并联后总容量为每片单芯电池容量的总和，电池并联容量增大，但总电压保持不变。电池合理地串并联组合，可以获得无人机飞行所需要的电压和容量。单芯电池串并联如图3-12所示。

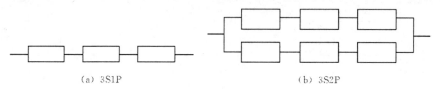

(a) 3S1P　　　　　　　　　　(b) 3S2P

图3-12　单芯电池串并联

2. 电池主要参数

（1）电压。锂聚合物单芯电池（图3-13）的标称电压为3.7 V，满电电压为4.2 V，保存电压为3.85 V（40%～50%），保护电压为3.6 V，用来保护电压，防止电池过放。满电存放过久或者电压低于3.2 V，电池会鼓包。标称电压也称额定电压，是指电池在标准规定条件下工作应达到的电压。锂电池充满电大概是4.2 V，放完电大概是3.0 V，锂电池放电图呈倒"S"形状，从4.2 V降到3.7 V和从3.7 V降到3.0 V都是变化很快的，唯有3.7 V左右放电时间最长，几乎占总时间的3/4，所以锂电池的标称电压是3.7 V。3S电池的电压就是3.7×3=11.1（V），6S电池的电压为3.7×6=22.2（V）。

（2）容量。电池容量用毫安·时（mA·h）表示，即

$$容量（mA·h）=电流（mA）×时间（h）$$

电池的容量越大，存储的能量就越大，可提供的续航时间就越长，但相应的质量也越大。

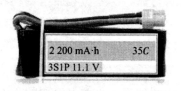

图3-13　锂聚合物单芯电池

如1 000 mA·h的电池，如果以1 000 mA放电，可持续放电1 h；如果以500 mA放电，可以持续放电2 h。电池的放电并非是线性的，电池小电流放电的时间总是大于大电流放电的时间，我们可以近似估算电池在其他情况下的放电时间：

$$能量（W·h）=电压（V）×电池容量（A·h）$$

标识为3.7V/22 000 mA·h的6S电池，其能量为488.4 W·h，把两块这样的电

池串联，就组成了一个电压为44.4 V、容量为22 000 mA·h的电池组，虽然没有提高电池容量，但总能量提高了2倍。

（3）放电倍率（C）。电池的放电能力是以倍率（C）来表示的。放电倍率（C）是指按照电池的标称容量最大可达到多大的放电电流。它在数值上等于电池额定容量的倍数。放电倍率决定了电池的放电电流，是充放电快慢的量度，其计算公式为

$$最大的持续电流＝额定电池容量×放电倍率$$

例如：3S/2 200 mA·h/20C电池的最大持续电流就是$20×2.2＝44$（A），如果该电池长时间超过44 A电流工作，电池的寿命会变短。

$$放电时间＝额定电池容量/最大的持续电流$$

对于容量为24 A·h，放电倍率5C的电池，它的放电电流就是120 A。如果其放电倍率为2C，0.5 h放电完毕；用12 A充电，如果其充电倍率为0.5C，2 h充电完毕。一般锂聚合物电池的放电倍率可以做到很大，而充电倍率一般不超过5C。

（4）平衡充电。常用3S电池，内部是3块锂电池，动力锂电都有2组线，一组是输出线（2根），另一组是单节锂电引出线（与S数有关），充电时按说明书，都插入充电器内，就可以进行平衡充电了。

知识点❺　螺旋桨

螺旋桨是多旋翼无人机动力系统的重要组成部分，通过电机高速运转带动螺旋桨高速旋转，产生升力，使无人机能够垂直起降、向前、向后、向左、向右飞行。

1. 螺旋桨的分类

（1）按材质来分类。螺旋桨按材质分为塑胶螺旋桨、树脂混合螺旋桨及碳纤维螺旋桨。塑胶螺旋桨的优点：易于加工，加工精度高，价格低廉，质量轻，耐用性较好；缺点：强度低，会容易变形导致断桨，耐温不高。树脂混合螺旋桨的优缺点不明显，总体性能较为中庸，其价格适中，柔性适中，相对碳纤维的动平衡略好，噪声较低。碳纤维螺旋桨的优点：质量轻、刚性好、力效高、美观；缺点：因为碳纤维属于性脆材料，易损坏，加工困难，制作成本高，强度高，导致杀伤力巨大。塑胶螺旋桨搭配空心杯电机，常用在玩具无人机上。消费级无人机多用树脂混合螺旋桨。碳纤维螺旋桨则常用在行业级无人机上。

（2）按安装方式来分类。螺旋桨按安装方式可分为快拆桨、自紧桨及普通桨。快拆桨对应的电机上面会安装一个桨座［图3-14（a）］，用卡扣将螺旋桨卡紧。例如像大疆的悟、精灵四等系列多旋翼无人机都采用快拆桨。快拆桨的优点：安装便捷；缺点：要搭配桨座使用，因此桨座里面要有弹簧［图3-14（b）］，使用久了，弹簧的弹性有所衰减，会出现卡不紧的问题，这时就需要飞手自己手动卡紧。

自紧桨［图3-14（c）］是将螺母结合到螺旋桨上面，螺旋桨旋转时的风阻使其实现自动卡紧。自紧桨的优点：安装便捷，成本相对较低；缺点：高速刹车时反扭力导

致有射桨的可能。射桨时螺旋桨自己飞出电机轴。

普通桨［图 3-14（d）］则在自行组装的无人机上面比较常见。螺旋桨穿过电机轴，用子弹头螺母将螺旋桨卡住。普通桨的优点：成本低、型号多；缺点：安装比较麻烦。

  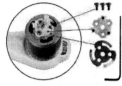  

（a）快拆桨桨座　　　　（b）桨座细节　　　　（c）自紧桨　　　　（d）普通桨

图 3-14　螺旋桨的分类

（3）按结构分类。螺旋桨按结构可分为折叠桨和非折叠桨。折叠桨力效相比同型号的非折叠桨要低一些。但是因为可折叠，所以空间占用较少。折叠桨最大的问题是动平衡难做，两片桨的质量差距要非常小。

2．螺旋桨的参数值

一般螺旋桨的正面是光滑的，同时会在桨叶上刻有相应的螺旋桨参数值。这个参数值也是螺旋桨的型号。螺旋桨的型号采用 4 位数字表示，前面 2 位数字表示螺旋桨的直径，后面 2 位数字表示螺旋桨的螺距。

例如 8045 桨：80 代表桨叶直径 8 in（1 in＝2.54 cm），45 代表桨叶螺距 4.5 in。

（1）螺旋桨的直径。螺旋桨的直径指两个桨尖之间的距离，也就是螺旋桨旋转时最大旋转面的直径。螺旋桨的直径越长，在相同电机转速下，其拉力越大；直径越小，拉力越小。

（2）螺旋桨的螺距。螺距表示的是螺旋桨旋转一圈所上升的距离。同一转速的螺旋桨，螺距越大，无人机飞行的速度越快。例如，螺距为 5 in 的螺旋桨，旋转一周的前进距离为 5 in，约等于 12.7 cm，转速为 1 000 r/mim，理论上的前进速度是 1 000×12.7 ＝127（m/min）。

对于螺旋桨来说，桨叶与转动平面是有一个夹角的，所以在转动时才会对空气产生推力。正因为这个夹角的存在，我们便可以对这个夹角做度量，测量螺距。桨叶的角度越大，其螺距越大。

螺距和直径的大小决定了螺旋桨所能提供的扭矩。小桨转速高，扭矩小；大桨转速低，扭矩高。在同样的转速下，螺旋桨的长度越大，其负载越大，对电机的功率要求也越大。

（3）正反桨。四轴无人机飞行为了抵消螺旋桨的自旋，相邻的桨旋转方向是不一样的，所以需要正反桨。正桨和反桨旋转时产生的风都向下吹。当螺旋桨面朝前时，逆时针旋转产生拉力的为正桨，顺时针旋转产生拉力的为反桨。安装螺旋桨前，首先要区分正桨和反桨。

如何判断螺旋桨的正桨和反桨？

桨叶上刻有螺旋桨型号规格字样，如 8045R，另外一个螺旋桨的刻字是 8045，带有"R"字的螺旋桨是反桨。螺旋桨的生产厂家不同，用刻字来区分正桨和反桨的方式也不一样，有些是以"CCW"和字样来区分。CW 是 Clockwise 的缩写，表示电机顺时针旋转；CCW 是 Counter Clockwise 的缩写，表示电机逆时针旋转。正桨和反桨对应电机的位置如图 3-15 所示。

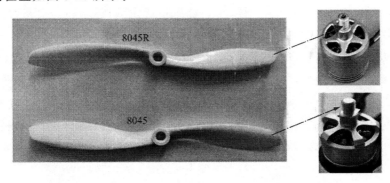

图 3-15　正桨和反桨对应电机的位置

3. 电机与螺旋桨的搭配

每种电机都有它适配的螺旋桨，对于一种电机来说，螺旋桨过大或过小都不太好，多轴无人机的操纵主要就是依靠改变电机的转速，使每个螺旋桨产生不同的升力来进行操纵。

大螺旋桨需要采用低 KV 电机，小螺旋桨需要采用高 KV 电机（因为需要用转速来弥补升力的不足）。不同的电机需要使用对应的螺旋桨。

知识点❻　飞行控制器

1. 飞行控制系统

飞行控制系统（flight control system）简称"飞控"，是无人机完成起飞、空中飞行、执行任务、返场回收等整个飞行过程的核心系统。无人机飞行控制系统是指能够稳定无人机飞行姿态，并能控制无人机自主或半自主飞行的控制系统，它是无人机的大脑。

多旋翼无人机本身是一种不稳定系统，需要对各个电机的动力进行超高频率的不断调整和动力分配，才能实现稳定悬停和飞行。在多旋翼无人机飞行过程中，飞行控制系统通过高效的"控制算法"内核，能够精准地感应并计算出无人机的三维位置、三维速度、三维加速度、三轴角度和三轴角速度，按照预先设定好的飞行计划或临时接收的飞行指令，控制多旋翼无人机的电调，实时调整各动机的输出功率，从而达到改变飞行姿态的目的。

2. 无人机飞行控制系统组成及其作用

飞行控制系统一般由数据采集（各种传感器）、数据处理（飞控计算机）和执行机构三大部分组成。当某种干扰使无人机偏离原有姿态时，传感器检测出姿态的变化，计算机算出需要的修正偏量，执行机构将控制面操纵到所需位置。

（1）惯性测量单元（IMU）。飞行控制系统中主要进行数据采集的单元称为惯性测量单元（IMU）。惯性测量单元由三轴陀螺仪、三轴加速度计、三轴地磁传感器和气压计组成，用来感知无人机姿态的变化。三轴指的是无人机沿着X轴、Y轴、Z轴做前后、左右、垂直方向运动。

①三轴陀螺仪（图3-16）。三轴陀螺仪在飞控中的主要作用是测量无人机在飞行过程中相对于导航坐标系俯仰角、横滚角、偏航角的角速度，通过对角速度的积分计算角度的改变，将无人机角度的改变换成数字信息被飞控计算机接收。

最早的陀螺仪是通过3个灵活的轴将一个高速旋转的陀螺固定在一个框架中，无论外部框架如何转动，中间高速旋转的陀螺始终保持一个姿态。通过3个轴上的传感器就能够计算出外部框架旋转的度数等数据。由于陀螺仪的成本高，机械结构复杂，现在都被电子陀螺仪代替。电子陀螺仪的优势是成本低、体积小、质量轻，只有几克重，稳定性、精度都比机械陀螺高。开源飞控上常用的电子陀螺仪型号有MPU-6050（图3-17）。

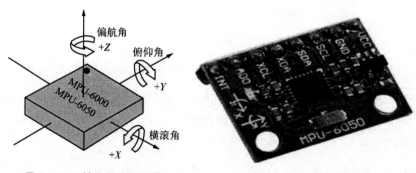

图3-16 三轴陀螺仪的测量　　　　图3-17 MPU-6050

②三轴加速度计。检测物体在载体坐标系统独立X、Y、Z 3轴的加速度信号。无人机上常用的是集成的三轴加速度计，同时测量3个方向的加速度值。

③三轴地磁传感器。地磁传感器是检测地球磁场的传感器，也被称为电子罗盘。地球周围空间存在着磁场，地磁传感器可以通过检测地磁来确定无人机的飞行方向。通过地磁传感器可以知道无人机的飞行方向，机头朝向，找到任务位置和起飞位置。

④气压计的作用。气压计用来测量当前位置的大气压。高度越高，气压越低。气压计是通过测量不同位置的气压，计算出压差，就可获得当前的高度。

（2）飞控计算机。飞控计算机作为无人机飞控系统的CPU，为任务系统提供高性能的计算机硬件资源和丰富的通信接口，来完成无人机姿态的运算、控制逻辑判断、系统管理，以及输出控制指令和系统状态显示信息。

（3）执行机构。多旋翼无人机的执行机构包括螺旋桨、电调和电机。多旋翼无人机通过飞控与电调之间进行通信，将控制信号经过电调来控制电机，带动螺旋桨转动，最终实现无人机的悬停、升降、前进等飞行状态的调整。飞控和电调的连接用油门控制信号线。油门控制信号线传输的是为飞控发送的频率固定且高电平时间可变的脉冲宽度调制信号。高电平时间一般为 1 000～2 000 μs。高电平脉宽时间越长，电调驱动电机转速越快。

3. 飞控的工作原理

飞控是如何控制一架多旋翼无人机在空中飞行时的平衡呢？首先是由惯性测量单元感知无人机当前的倾角数据，将该数据通过编译器编译成电子信号，时时传输给飞控内部的单片机，单片机根据无人机当前的数据，计算出一个补偿方向及补偿角，然后将这个补偿数据编译成电子信号，传输给电调，电调接收到向飞控发送的控制信号，并将其转变为电流来控制电机的转速，完成补偿动作，惯性测量单元会感知无人机平稳了，将实时数据再传给单片机，单片机会停止补偿信号，这就形成了一个闭环控制。

知识点❼ 遥控器

多旋翼无人机所使用的遥控器是无线电遥控器。日常生活中的汽车遥控器、电视遥控器、空调遥控器等属于红外线遥控。红外线遥控是一种无线、非接触控制技术，具有抗干扰能力强、信息传输可靠、功耗低、成本低、易实现等显著优点，广泛应用于家用电器、计算机中。而无线电遥控器是利用无线电信号对远方的机构进行控制。无线电遥控系统分为发射和接收两个部分。无线电遥控技术具有无方向性，不用"面对面"控制；遥控距离远，可达数十米，甚至数千米；采用天线发射（或接收）无线电遥控信号，需要对发射频率进行仔细调试；容易受到电磁干扰等。

1. 无人机遥控器的通信频率

无人机遥控系统由遥控器和接收机组成。图 3-18 所示为无人机飞行系统的无线控制终端。接收机装在无人机机身上。遥控器与接收机之间通过无线电波进行通信，常用的无线电频率为 5.8 GHz 和 2.4 GHz，其中 2.4 GHz 无线通信具有频率高、功耗低、体积小、反应快、精度高等优点。目前常用的调制方式有脉冲位置调制（PPM，又称脉位调制）和脉冲编码调制（PCM，又称脉码调制）两种。

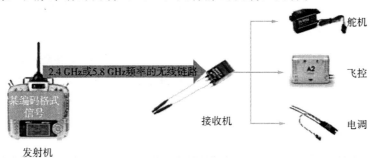

图 3-18　无人机飞行系统的无线控制终端

2. 无人机遥控器的通道

无人机的"通道"是什么呢？其实就是无人机遥控器可以控制的动作路数。举个例子，遥控器只能控制四轴无人机上下飞行，那么就是1个通道；控制四轴无人机上下左右飞行，就是2个通道。通常来说，无人机四轴控制中需要用到上下、左右、前后、旋转，所以最低为4个通道。

（1）第一通道：副翼，控制无人机绕纵轴做横滚运动，通过遥控器右侧舵杆左右打舵改变无人机的姿态。

（2）第二通道：升降，控制无人机绕横轴做俯仰运动，通过遥控器右侧舵杆的前后打舵控制机身前进与后退。

（3）第三通道：油门，控制无人机沿立轴上升或下降，通过遥控器左侧舵杆前后打舵控制发动机或电机转速。

（4）第四通道：方向，由电机控制螺旋桨转动方向，通过遥控器来控制垂直尾翼，用于改变机头朝向。

3. 遥控器的操作方式

关于"美国手""日本手""中国手"等特殊名词，相信很多初学者都想知道它们词到底是什么意思、有什么区别。

美国手与日本手是指无人机的操控方式，美国手是左手油门，日本手是右手油门，对应不同操控器油门方向杆的布局。

（1）美国手：又称左手油门。遥控器的左摇杆负责无人机的上升下降、原地顺时针/逆时针旋转；遥控器的右摇杆负责无人机在水平位置上的前后、左右移动。

（2）日本手：又称右手油门。与美国手的区别其实并不大，仅将控制无人机上升下降与前进后退进行了对调。也就是遥控器的左摇杆负责无人机的前进后退、原地顺时针/逆时针旋转；遥控器的右摇杆负责无人机的上升下降和左右移动。

（3）中国手：与"美国手"完全相反，遥控器的左摇杆负责无人机在水平位置上的前后、左右移动；遥控器的右摇杆负责无人机的上升下降、原地顺时针/逆时针旋转。

以上几种操作方式并无好坏、难易之分，只不过不同人的习惯罢了。

4. 遥控距离的确定

遥控距离的确定依据无人机的种类和用途而定。对于近距离飞行的小型无人机，选用遥控距离为200 m的遥控系统；对于大型无人机、无人机飞艇有时在空中要飞出数千米，就要选用遥控距离至少有1 000 m的遥控系统。

认识多旋翼无人机的结构组成

本任务分组实施，各小组团队合作，列出实训室中分配给各组对应无人机的设备组成，并形成PPT与其他组分享。

学习情景三　多旋翼无人机的结构与飞行控制原理

任务目标

1. 了解不同类型的多旋翼无人机。
2. 掌握多旋翼无人机的各部分结构组成。

实训任务书

实训任务书见表3-1。

表3-1　实训任务书（1）

序号	任务名称	任务描述
1	产品型号	
2	用途	
3	电机	
4	电调	
5	电池	
6	螺旋桨	
7	机架	
8	飞控	
9	遥控系统	
10	性能指标	

任务分组

学生任务分配表详见表3-2。

表3-2　学生任务分配表（1）

班级		组号		组长	
本组成员：					
任务分工：					

任务分析

1. 分组提交 PPT 并汇报任务实施结果。
2. 各组互相评价任务实施结果。
3. 教师结合各组完成情况进行点评、分析和总结。

评价反馈

评价反馈表见表 3-3。

表3-3 评价反馈表（1）

评价项目	自评	小组互评	教师评价
任务是否按计划时间完成			
相关理论完成情况			
任务完成情况			
任务创新情况			
语言表达能力沟通协作能力			

工作任务二　多旋翼无人机的飞行原理

任务描述

多旋翼无人机不同于固定翼无人机，它使用机翼提供升力，使用副翼、升降舵和方向舵来改变飞行姿态。多旋翼无人机是如何飞行的呢？多旋翼无人机的系统运动力来源是什么？前面我们学习了多旋翼无人机的结构组成，了解了动力系统中无刷电机、电调、螺旋桨的知识，最直观的感受就是电机带动螺旋桨转产生升力。螺旋桨旋转产生升力的原因是什么？本次任务将分析多旋翼无人机的飞行原理及其飞行控制方式。

任务学习

知识点 ❶　四旋翼无人机的飞行原理

根据伯努利定理，液体流速大，静压小；液体流速小，静压大。当多旋翼无人机的螺旋桨在空气中旋转运动时，只要设法让螺旋桨叶上面的空气流速快，桨叶下面的空气流速慢，这样桨叶上部静压小，桨叶下部静压大，桨叶上下有了静压力差，这个压力差向上，产生向上的升力。当螺旋桨产生的总升力大于多旋翼无人机的总质量时，多旋翼无人机就可以飞起来。

现以四旋翼无人机为例进行介绍。四旋翼无人机安装在机臂末端的电机带动螺旋桨旋转产生反作用力来实现对无人机飞行器的控制。当单个螺旋桨旋转时，向下吹动空气，也就是给空气向下的作用力，根据牛顿第三定律，作用力与反作用力的关系，这一部分空气对螺旋桨产生的反作用力可以分解成垂直向上的反作用力以及与旋转方向相反的空气摩擦阻力。

螺旋桨分为正桨和反桨，正桨逆时针旋转时，螺旋桨会给空气向下的作用力，反桨顺时针旋转向下吹风，给空气向下的作用力。以正桨为例，其旋转时受力如图 3-19 所示，空气会给螺旋桨向上的作用力，也就是升力 F 和顺时针方向的力矩 M。

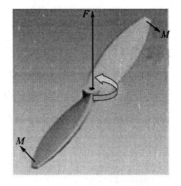

图 3-19　正桨受力情况

多旋翼无人机螺旋桨是由电机驱动旋转的，也就是电机给螺旋桨一个作用力（力矩）时，螺旋桨会向电机施加一个反作用力（反扭矩），促使电机向反方向旋转。为了避免无人机疯狂自旋，在多旋翼无人机的螺旋桨中，相邻的两个螺旋桨旋转方向是相反的。如图 3-20 所示，当螺旋桨 M1、M3 的旋转方向为逆时针，螺旋桨 M2、M4 的旋转方向为顺时针时，M2、M4 所产生的逆时针反作用力（反扭矩）和 M1、M3 产生的顺时针反作用力（反扭矩）相抵消，无人机机身就可以保持稳定。不仅如此，多旋翼无人机的前后、左右飞行或悬停，也是通过控制多个螺旋桨的转速来实现的。

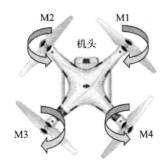

图 3-20　四旋翼无人机飞行原理

知识点❷　四旋翼无人机的飞行控制方式

四旋翼无人机可通过同时调节电机的转速，实现三维空间六自由度的飞行。在空间中分别沿 3 个坐标轴做平移和旋转动作，共有 6 个自由度，分别为上下、前后、左右移动；俯仰、滚转、偏航转动。这6个自由度的控制都可以通过调节不同电机的转速来实现。

以无人机质点为原心，机头正前方为 X 轴正向，右侧方为 Y 轴正向，机体垂直向下为 Z 轴正方向，满足右手定则，建立机体坐标系。这样沿 Z 轴方向的移动为垂直升降运动，绕 Z 轴的转动为偏航运动，沿 X 轴方向的移动为前后运动，绕 X 轴的转动为横滚运动，沿 Y 轴方向的移动为左右运动，绕 Y 轴的转动为俯仰运动。

1. 垂直运动

四旋翼无人机沿 Z 轴的垂直运动包括垂直上升和垂直下降运动。

实现垂直运动的前提：保证四旋翼无人机每个旋转速度大小相等。

垂直上升：四旋翼无人机需要升高高度时，增加油门，4个电机的输出功率同时增加，螺旋桨转速增加，使得总的升力增大，当总拉力大于整机的质量时，四旋翼无人机便离地垂直上升，如图3-21所示（红色表示加速，绿色表示减速）。

垂直下降：四旋翼无人机需要降低高度时，减小油门，4个电机的输出功率减小，当总升力小于无人机重力时，四旋翼无人机则垂直下降。

当外界扰动量为零，螺旋桨产生的升力等于四旋翼无人机的自重时，四旋翼无人机便保持悬停状态。保证4个螺旋桨转速同步增加或减小，这是垂直运动的关键。

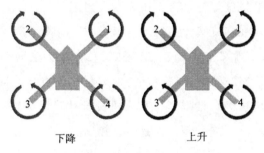

图3-21 垂直运动

2. 俯仰运动（前后运动）

四旋翼无人机沿 X 轴的前后运动伴随着绕 Y 轴的俯仰运动，如图3-22所示。

实现俯仰运动的前提：增加四旋翼无人机某侧旋翼转速，减小另一侧旋翼转速，保持升力不变。

当四旋翼无人机需要向前飞行时，减小前侧1号和2号电机的转速，同时加大后侧3号和4号电机的转速。在理想情况下，1、2号电机减小的百分比与3、4号电机增大的百分比相等，以此来保证无人机垂直方向的合力为0，在 Y 轴两侧产生升力差，形成一个绕 Y 轴的顺时针方向的力矩。这个力矩会使四旋翼无人机低头，也就是机头有一个"俯"的动作，同时无人机向前飞行。无人机向后飞行则与之相反。

学习情景三　多旋翼无人机的结构与飞行控制原理

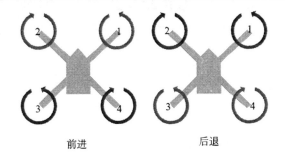

图 3-22　前后运动

3. 横滚运动（左右运动）

四旋翼无人机沿 Y 轴方向的左右运动伴随着绕 X 轴方向的横滚运动，如图 3-23 所示。

实现横滚运动的前提：增加四旋翼无人机某侧旋翼转速，减小另一侧旋翼转速实现的，保持升力不变。

当四旋翼无人机需要向左飞行时，减小左侧 2 号和 3 号电机的转速，同时加大右侧 1 号和 4 号电机的转速，在 X 轴两侧产生升力差，形成一个绕 X 轴逆时针方向的力矩。这个力矩会使四旋翼无人机向左飞行。无人机向右飞行则与之相反。

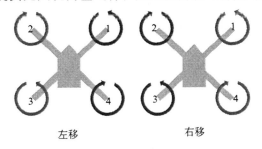

图 3-23　横滚运动

4. 偏航运动

偏航运动可以借助旋翼产生的反扭矩来实现。在旋翼转动过程中，由于空气阻力会形成与转动方向相反的反扭矩，为了克服反扭矩的影响，可使 4 个旋翼中两个正转，两个反转，且对角线上的各个旋翼转动方向相同。反扭矩的大小与旋翼转速有关，当 4 个电机转速相同时，4 个旋翼产生的反扭矩相互平衡，四旋翼无人机不发生转动；当 4 个电机转速不完全相同时，不平衡的反扭矩会引起四旋翼无人机转动。

在图 3-24 中，当电机 1 和电机 3 的转速上升，电机 2 和电机 4 的转速下降时，旋翼 1 和旋翼 3 对机身的反扭矩大于旋翼 2 和旋翼 4 对机身的反扭矩，机身便在多余的反扭矩作用下绕 Z 轴逆时针转动，实现无人机向左偏航运动。无人机向右偏航运动则与之相反。

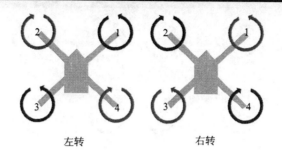

图 3-24 偏航运动

任务实施

掌握多旋翼无人机的操纵方式

本任务分组实施，团队成员合作。在机房操纵模拟软件，实现四旋翼无人机的6自由度飞行。要求无人机飞行过程中姿态平稳，无异常。

任务目标

1. 理解多旋翼无人机飞行原理。
2. 掌握多旋翼无人机飞行控制方式。

实训任务书

实训任务书见表3-4。

表 3-4 实训任务书（2）

序号	任务名称	任务描述
1	四旋翼无人机起飞的操作	
2	四旋翼无人机降落的操作	
3	四旋翼无人机悬停转变成向前飞行	
4	四旋翼无人机悬停转变成向后飞行	
5	四旋翼无人机悬停转变成向左飞行	
6	四旋翼无人机悬停转变成向右飞行	
7	四旋翼无人机向前飞行并向右转	
8	四旋翼无人机向前飞行并向左转	

任务分组

学生任务分配表详见表 3-5。

表 3-5 学生任务分配表（2）

班级		组号		组长	
本组成员：					
任务分工：					

任务分析

1. 分组提交 PPT 并汇报任务实施结果。
2. 各组互相评价任务实施结果。
3. 教师结合各组完成情况进行点评、分析和总结。

评价反馈

评价反馈表见表 3-6。

表 3-6 评价反馈表（2）

评价项目	自评	小组互评	教师评价
任务是否按计划时间完成			
相关理论完成情况			
任务完成情况			
任务创新情况			
语言表达能力沟通协作能力			

学习情景四

无人直升机的结构与飞行控制原理

学习情景

固定翼无人机依靠螺旋桨克服其向前飞的阻力,而无人直升机则依靠螺旋桨克服其重力。由于一般飞行器的重力远大于其前飞的阻力,所以无人直升机的显著特征是拥有异常巨大的螺旋桨,且螺旋桨肯定位于机身上方。这种看似"费力不讨好"的设计换来的优势是无人直升机可以在平整的地面上原地垂直起降,而不像固定翼无人机需要长长的跑道。

无人直升机利用其垂直起降的优势可以到达其他高速交通工具(例如火车、固定翼无人机等)无法到达的目的地,包括海上平台、高楼楼顶、山地、军舰甲板等,加装浮筒的无人直升机甚至可以直接在海面上起降。即使在无法降落的复杂场景(如沼泽等),无人直升机也可以低空悬停,基本满足人员物资转移的需求。2008年5月12日汶川地震后,前往灾区的陆路和水路被严重阻塞,地面救援力量面对重重考验。为探明灾区情况、缓解灾区群众基本生活需求,无人直升机部队第一时间为灾区投放了大量的应急物资和通信设备,成为救援早期的中坚力量。无人直升机这种航空装备的优势也在每次类似的救援任务中体现得淋漓尽致。

(a)海上救援   (b)楼顶起降   (c)山地起降   (d)灾区救援

图 4-1 无人直升机的应用场景(图片源自网络)

当然,无人直升机为了其起降便利,也牺牲了很多,其主要缺点是经济性不高、低空低速飞行、载重较低、振动较大、操纵较难及稳定性不足。

学习情景四　无人直升机的结构与飞行控制原理

为了进一步理解无人直升机,在本学习情境中,我们首先来认识无人直升机的结构组成,然后着重学习旋翼无人直升机的控制方法。

工作任务一　无人直升机结构组成

从结构来看,狭义的无人直升机包含以下几种结构形式:单旋翼带尾桨式无人直升机、双旋翼纵列式无人直升机、双旋翼横列式无人直升机及双旋翼共轴式无人直升机,如图 4-2 所示。这几类无人直升机都有巨大的桨叶和复杂的桨毂。从广义来说,多旋翼无人机也属于无人直升机,不过多旋翼无人机结构相对简单,其控制逻辑与传统无人直升机相差较大,应用场景则更加亲民,在讨论时往往与其他类型无人直升机分开论述。上述类型无人直升机中以单旋翼尾桨式无人直升机最为常见,本工作任务主要基于单旋翼尾桨式无人直升机展开讨论。

(a) 单旋翼尾桨式无人直升机　　　　　　(b) 双旋翼纵列式无人直升机

(c) 双旋翼横列式无人直升机　　　　　　(d) 双旋翼共轴式无人直升机

图 4-2　常见的无人直升机结构形式

与固定翼无人机一样,目前直升机也正在向无人方向发展。无人直升机有两种发展模式,一种是将有人直升机改装成无人直升机,这种方式采用的技术成熟度高,实现路径较为清晰，例如美国的 MQ-8 系列"火力侦察兵"无人直升机就是采用这种模式。另一种是重新研制开发无人直升机，这种模式需要历经完整的设计、开发、试制、定型全过程，研制周期较长。目前我国大部分的无人直升机起飞质量不超过 500 kg，也少有量产型号，总体来说还处于市场探索和可靠性验证阶段。

无人直升机一般包含旋翼系统、机体、尾桨、起落架和动力装置，如图 4-3 所示。其中，旋翼系统产生向上的拉力克服全机重力；机体用于容纳载荷和其他结构部件；尾桨用于平衡旋翼对机体的反扭矩；起落架起支撑机体和吸收起飞降落时冲击载荷的作用；动力装置为旋翼与尾桨的转动提供动力。

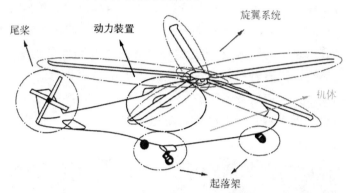

图 4-3 典型无人直升机的结构组成

知识点❶ 旋翼系统

1. 旋翼系统的作用

旋翼又称升力螺旋桨。旋翼系统可以说是无人直升机的核心和设计中的最大难点，是全机的关键部件。旋翼系统的作用如下：

（1）产生向上的拉力，克服全机的重力。部分无人直升机在机身下部有设计机翼，可以分担一部分旋翼系统向上的拉力。

（2）产生向前的拉力，克服全机的阻力。

（3）保障基础飞行安全，当发动机故障时，旋翼可类似于风车转动，保证无人机安全着陆。

（4）其他方向的力与力矩起到类似于固定翼无人机操纵面的作用，促使全机保持稳定与平衡。

2. 旋翼系统的组成

旋翼系统由若干片桨叶及一个桨毂组成，如图 4-4 所示。桨叶旋转获得速度后可以产生空气动力；桨毂则是用来连接旋转轴和桨叶，传递发动机给到桨叶的旋转扭矩，同时也承受桨叶上的空气动力并传给机身。

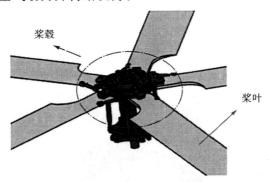

图 4-4　旋翼系统的组成

无人直升机的桨毂结构十分复杂，传统的无人直升机桨毂与桨叶是三自由度铰接的，桨叶相对于桨毂可以实现挥舞、摆动和变距动作，如图 4-5（a）所示。由于桨叶在工作时承受交变载荷，大载重情况下刚性连接的形式就对桨叶材料提出很大的考验。另外，试验还发现，刚性连接的桨叶前飞或遇侧风时左右侧拉力不一致，无人机会向一侧滚转。为解决这一问题，西班牙的谢尔瓦将这个自由度释放，即将桨叶与桨毂用一个水平铰连接，如图 4-5 中的水平铰（又称挥舞铰）所示，经过改装后，每片桨叶可以绕着水平铰上下单独挥舞，释放了弯曲应力和载荷。为了解决科氏力导致的振动问题，他继续释放自由度，增加了垂直铰（又称摆振铰）。轴向铰则是用来改变桨叶桨距角的主动控制铰。这种三自由度均释放的桨毂称为全铰式桨毂。

目前全铰式桨毂的应用仍十分广泛，重型直升机基本使用这种形式的桨毂。显然，这种桨毂可活动部件多，机械结构复杂，疲劳寿命较低，对维护检修的要求也非常高。

轻型无人直升机常只有 2 片桨叶，可以采用半铰式桨毂，最普遍的就是跷跷板式，如图 4-5（b）所示。其特点是没有摆振铰，两片桨叶共用一个挥舞铰，如同跷跷板一般一侧桨叶向上挥舞，另一侧桨叶向下挥舞。这种设计结构简单，不过由于两侧桨叶的挥舞"步调一致"，因此阵风会影响其稳定性。另外，由于没有摆振铰，需要一些其他设计减轻科氏力的影响。

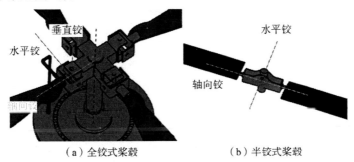

（a）全铰式桨毂　　　　　（b）半铰式桨毂

图 4-5　全铰式桨毂和半铰式桨毂

随着材料行业的发展，旋翼设计趋向于用桨毂和桨叶上材料自身的变形取代铰链，例如无铰式旋翼（图4-6）和无轴承旋翼等。无铰式旋翼取消了水平铰和垂直铰，但保留了轴向铰；无轴承旋翼甚至取消了轴向铰，其挥舞和摆振动作依赖桨叶或桨毂变形实现。旋翼的材料从早期的木制桨叶过渡至19世纪60年代的金属桨叶，19世纪70年代第三代桨叶材料主要以玻璃纤维为主，目前的第四代桨叶则主要采用复合材料。

图4-6 无铰式旋翼

旋翼的桨叶数量主要取决于无人直升机的最大起飞质量。对于翼型来说，升力和速度关系密切。桨叶越靠近桨尖的位置，速度越大，因此桨叶延长能够提高升力。但是将桨叶延长至一定长度后，桨尖可能加速至超音速，这对无人直升机控制是不利的，因此桨叶长度是有限的。当单根桨叶的升力无法再提高时，只能增加桨叶数量来提高升力。轻型无人直升机（2~8 t）一般采用2~3片桨叶，例如3片桨叶的直-11；中型无人直升机（8~15 t）一般采用3~5片桨叶，例如4片桨叶的S-70黑鹰直升机；重型直升机（15~20 t）采用5片以上桨叶，例如6片桨叶的CH-53直升机。现役最重的直升机——米-26最大起飞质量为56 t，采用了8片桨叶。

3. 旋翼的旋转方向

旋翼的顺时针转动和逆时针转动，对于旋翼的空气动力学来说并没有明显差异，不同的旋转方向决定了尾桨的左右位置。美国的大部分无人直升机喜欢采用逆时针旋转的螺旋桨（俯视视角），而俄罗斯的无人直升机喜欢采用顺时针旋转的螺旋桨。我国的直-8无人直升机采用俯视逆时针设计，而直-9、直-11等无人直升机则采用俯视顺时针设计。对于并列式座舱布局的有人直升机来说，顺时针旋翼可以略微提高飞行员的操作感。对于无人直升机来说，旋翼的旋转方向仅取决于设计师的经验与习惯。

4. 旋翼系统的参数

旋翼的桨尖所画出圆圈的直径 D 称为旋翼直径。桨尖到桨毂中心的距离 R 称为旋翼半径，显然 $R=\dfrac{D}{2}$。桨叶任意剖面到桨毂中心的距离 r 称为剖面半径，由于 $r_1=0.7R$ 处剖面形状的空气动力特性对于整根桨叶有一定的代表性，一般取这个位置的剖面为特征剖面，r_1 为特征剖面半径，如图4-7所示。

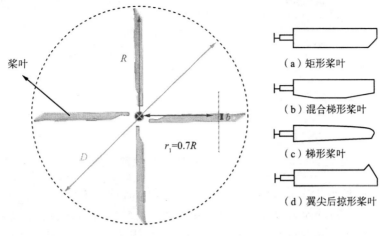

图 4-7 旋翼系统基本参数

桨叶剖面的弦长就是该剖面处的宽度，用 b 表示。常见的桨叶平面形状如图 4-7 右侧所示，矩形桨叶的宽度 b 基本不发生变化，其他几种类型桨叶的宽度则沿展向变化。受制于金属材料加工的局限性，矩形桨叶和混合梯形桨叶应用较广，直-5、直-9 无人直升机均可视为矩形桨叶。翼尖后掠形桨叶一般应用于高速气流条件。随着复合材料的发展，制作变弦长的桨叶已不再困难。

旋翼实度是指俯视视角下所有桨叶的实占面积和整个桨盘面积的比值，用 σ 表示。根据经验，特征剖面（距桨毂中心 0.7 倍半径位置）处的桨叶宽度可以代表整根桨叶的平均宽度，因此有

$$\sigma = \frac{k \int_0^R b \, dr}{\pi R^2} \approx \frac{k b_{r_1}}{\pi R} \tag{4-1}$$

式中，k 为叶片数量；b_{r_1} 为特征剖面处的桨叶宽度。

现代无人直升机的旋翼实度 σ 一般在 0.03～0.11，该值不宜过大也不宜过小。旋翼实度过小往往会拉力不足，旋翼实度过大则代表桨叶数量多或桨叶面积大，这样相邻桨叶之间的间距就会减小，后桨叶受到前行桨叶的涡流影响更加严重，整体气动效率就会降低。

桨叶的某一个截面的翼型与桨毂旋转平面的夹角，称为该截面的桨叶安装角 φ，如图 4-8 所示。由于桨叶一般有扭转，所以不同剖面处的安装角不一样，为描述某根桨叶的安装角特征，一般以特征剖面（0.7R）处的桨叶安装角称为这根桨叶的桨距角。旋翼上各片桨叶的桨距角的平均值称为该旋翼的总距，飞手可以通过总距杆改变旋翼上所有桨叶的桨距角，进而改变旋翼的拉力。

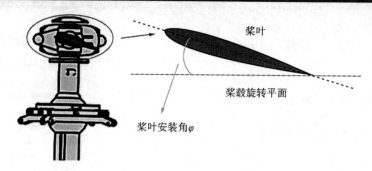

图 4-8 桨叶安装角示意图

旋翼锥角是指桨叶与桨尖轨迹平面之间的夹角。停机时由于桨叶重力，一般会向下垂。旋翼工作时产生的拉力很大，每根桨叶还受到旋转产生的离心力的影响，旋翼形成了一个倒立的锥体，如图 4-9 所示。桨叶从桨毂平面扬起的角度就是旋翼锥角，用 α_0 表示。一般来说，旋翼锥角范围为 3°～10°，大型直升无人机的旋翼锥角较为明显。桨尖划过的平面称为桨尖轨迹平面，该平面是研究旋翼拉力的重要基准面。

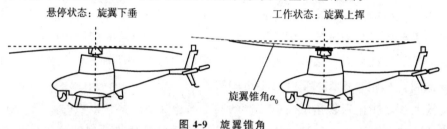

图 4-9 旋翼锥角

知识点❷ 机体

对于无人直升机来说，机身的主要作用是装载任务设备和传递全机受力。机体一般可划分成若干个区域，如图 4-10 所示。无人直升机工作时承受的载荷很复杂，包括旋翼系统空气动力、尾桨空气动力、空机和设备重力、起降滑行时的冲击力以及其他极端工况受力。按照适航要求，无人直升机机体结构应当能够在承受极端载荷的情况下不发生永久变形，若发生变形也不能影响飞行安全。所有极限载荷工况需经过静态测试和动态测试，对结构强度和刚度进行充分的测试验证。

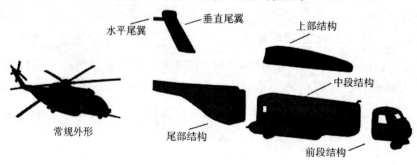

图 4-10 无人直升机机体结构

机身的外形应当尽量减少废阻，有时应根据需要考虑运输需求，如机身宽度应小于典型集装箱的宽度。机身内部任务设备装载应最大限度地利用好无人机的容积，使内部布局紧凑、合理。装卸货物应当方便，舱门尺寸应预留充分，机身外部也应当预留系挂点位。货舱内不要放置关键设备，重要的管路和线束也不要经过货舱，否则货物在运输过程中可能意外碰撞这些设备与管线，影响飞行安全。

知识点❸ 尾桨

1. 尾桨的作用

单旋翼无人直升机的旋翼工作时，是由发动机做功产生扭矩来驱动旋翼旋转，根据作用力矩与反作用力矩原理，旋翼会给发动机大小相等、方向相反的反扭矩。而发动机刚性连接在机身上，因此这个扭矩会传导至整个机身，如果无法平衡，则单旋翼无人直升机将相对于旋翼反向旋转起来。纵列式、横列式或共轴式无人直升机有两个旋翼，只需让这两个旋翼反向旋转即可自然抵消反扭矩。而目前单旋翼无人直升机的解决办法是在直升机的尾部安装一个尾桨，通过尾桨产生的侧力克服旋翼的反扭矩，因此尾桨又称抗扭螺旋桨。如图4-11所示，红色箭头为旋翼作用给机体的反扭矩，绿色箭头为尾桨产生的侧力和平衡扭矩。旋翼俯视逆时针旋转，尾桨拉力向右，旋翼俯视顺时针旋转，尾桨拉力向左。

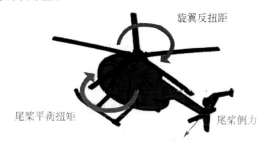

图4-11 尾桨的扭矩平衡作用

除了平衡反扭矩外，尾桨的侧力也是可以通过变距来调节的。改变尾桨的侧力大小可以为无人直升机提供方向操纵性。

2. 尾桨的工作特点

大部分无人直升机的尾桨旋转能量来源于旋翼轴，一般尾轴与主旋翼轴通过若干级传动装置连接，即使发动机不工作，只要主旋翼转动，尾桨就会转动。尾桨的直径一般是主旋翼直径的1/6～1/3，而转速则比主旋翼快。一般尾桨叶片比主旋翼少。有些微型无人直升机会使用两个电机，分别驱动主旋翼和尾桨。这种设计省略了主轴-尾轴的机械传动机构，同时也省去了尾桨的变距机构（可以靠改变尾桨电机的转速调节尾桨侧力），机体质量大幅减轻，可以实现3D高机动飞行。但这种设计使尾桨的转速控制依赖于飞控的调节，需要进行参数优化，而且尾桨电机一旦失效，无人直升机很难控制，大概率会坠毁。

普通无人直升机的尾桨转速和主旋翼转速的比值是固定的，不能单独调节尾桨的转速，因此需要通过调整桨距改变尾桨侧力的大小。尾桨的桨毂结构一般比主旋翼的桨毂结构简单，2叶尾桨的轻型无人直升机一般采用结构简单、紧凑的跷跷板式桨毂。3叶及其以上的尾桨一般采用铰接式桨毂，但没有垂直铰（摆振铰）。主旋翼的变距一般是单向的，基本不会出现负桨距和负拉力，而尾桨的变距往往是双向的，尾桨的侧力方向既可向左也可向右。

无论尾桨安装在机身的左侧还是右侧，上侧还是下侧，其旋转方向一般采用底部朝前的旋转方式，普遍认为该旋转方向桨效较高，受旋翼的气动干扰较小。

3. 尾桨的安装位置

尾桨的安装位置都是在尾梁后部或垂尾上，有的垂直位置比较低，有的垂直位置则比较高。无人直升机悬停时，尾桨产生的侧力虽然平衡了无人直升机的方向偏航力矩，但是这个侧力同样会导致无人直升机向一侧移动，这显然也是不能接受的。平衡该侧力的方法是让主旋翼锥体向一侧略微倾转，提供一个相反方向的侧力，这样就避免了无人直升机侧向平移。但这两个侧力的作用点不同，会形成一个滚转力矩，如图4-12所示，显然尾桨位置距离主旋翼越近，这个滚转力矩就越小。这是尾桨高置的优势。但相较于直接将尾桨置于尾梁附近，尾桨过高也会导致结构质量增加、传动系统复杂。目前来看，大部分无人直升机选择高置尾桨。

图4-12　旋翼与尾桨形成的滚转力矩

尾桨既可以安装在垂直尾翼的左侧，也可以安装在垂直尾翼的右侧。我们定义尾桨的升力方向指向机身对称面时，称为推力尾桨；尾桨的升力方向从对称面往外侧指，则称为拉力尾桨。根据旋翼的滑流理论，气流从上向下穿过旋翼加速流动，如图4-13所示。显然，拉力尾桨会导致垂直尾翼浸润在更大的尾桨诱导速度中，这会使无人直升机容易出现摆动，因此推力尾桨明显较为有利。主旋翼俯视逆时针旋转的无人直升机，需要安装推力尾桨，故尾桨一般安装在机身左侧（后视视角）。同理，主旋翼俯视顺时针旋转的无人直升机，尾桨一般安装在机身右侧（后视视角）。

学习情景四　无人直升机的结构与飞行控制原理

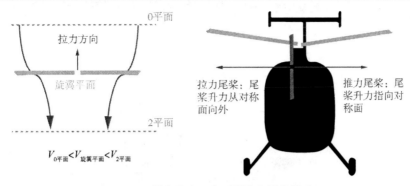

图 4-13　尾桨滑流理论对尾桨位置的影响

一些尾桨桨叶被涵道包裹起来，如图 4-14 所示。涵道提高了无人直升机的使用安全性，降低了地面砂石被气流卷起后击伤尾桨的可能性，同时也有效避免了人员误触尾桨，对抑制尾桨噪声也起到了一定的作用。涵道还可以降低主旋翼桨尖涡对尾桨的影响。优异的涵道能够产生气动力，降低无人直升机的尾桨功率。但这种设计也有缺陷：一是增加了结构质量；二是悬停时功率消耗更大；三是涵道尾桨几乎不能高置，一般只能安装在垂尾下方，增加了无人机的滚转力矩。

图 4-14　涵道尾桨

知识点❹　起落架

1. 起落架的形式

无人直升机起落架的常见形式有轮式起落架和滑橇式起落架。

滑橇式起落架（图 4-15）构型简单，几乎不需要维护。其缺点是难以在地面牵引移动，需要另外加装专用地面移动轮胎。另外，高原起降或重载起降时，无人直升机往往也需要做滑跑，滑橇式起落架则不具备滑跑能力。滑橇式起落架常见于轻型、微型无人直升机。

无人直升机轮式起落架大多为三轮布局，少数

图 4-15　滑橇式起落架

为四轮布局。三轮式布局又可分为前轮式和尾轮式,如图 4-16 所示,它类似于固定翼无人机的前三点式起落架和后三点式起落架。

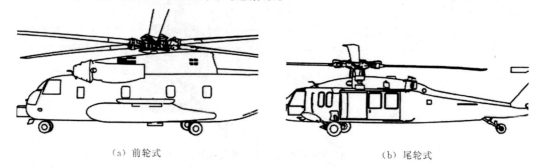

(a) 前轮式　　　　　　　　　　(b) 尾轮式

图 4-16　三轮起落架布局形式

前轮起落架的两个主轮在后,一个前轮位于机身前部。与尾轮式不同,前轮着起落架后侧的主轮一般布置在机身中部位置,重心后侧。其最大优势是让出了机身尾部的空间,可以设计货舱门,方便大型货物的运输,如图 4-17 所示。因此重型无人直升机几乎采用这个设计,如米-26、

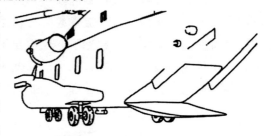

图 4-17　前轮式起落架的尾舱门

CH-53 等。前轮式起落架的缺点是前起落架的高度一般偏高,尾部还常增加尾撑防止尾梁触地,因此结构质量较大。另外,前轮与主轮的纵向距离偏短,两个主轮的横向轮距一般需要加宽,这样才能保证无人直升机在地面停机和滑跑时的稳定性。如图 4-17 所示,为加宽横向轮距,该无人直升机主轮并不是安装在机身下方,而是安装在机身两侧伸出的短翼下方。

尾轮式起落架的纵向轮距较长,如图 4-16 所示,尾轮几乎在垂尾前方,这就省去了防止尾梁触地的尾撑,因此这种轮式布局是结构最轻便的。纵向轮距长还使得滑跑或牵引时颠簸较小。但两个前轮的设计导致无人直升机在地面滑跑转向时,两轮还需辅以差动设计。另外,这种起落架结构决定了装载货物只能从机身两侧进出,而且前轮承重能力较强,适合重心靠前的无人直升机。

四轮式起落架较为少见,美国的 CH-47 "支奴干" 纵列式双旋翼无人直升机采用的就是四轮式起落架,这种设计对于机身稳定性有所提升,但是质量和飞行阻力的代价也会提高。

据统计,起落架的阻力占到机体阻力的 1/4,起落架阻力主要由机轮产生。高速飞行的无人直升机常将起落架设计成可收放的形式。当然,收放机构又会增加结构重量,压缩机舱容积,应当做细致分析后再做决定。

2. 起落架的主要参数

轮式起落架的主要参数如图 4-18 所示。

图 4-18 中，a 为前轮到重心的纵向距离；c 为重心到后轮的纵向距离；$a+c$ 为纵向轮距；B 为主轮的横向轮距；β 为后罩角，表示停机时重心与主轮接地点组成的切平面和地垂线的夹角；θ 为自转后倾角，表示主轮接地点和尾撬形成的切平面与旋翼平面的夹角；θ_z 为自转着陆角，表示主轮接地点和尾撬形成的切平面与地面的夹角。

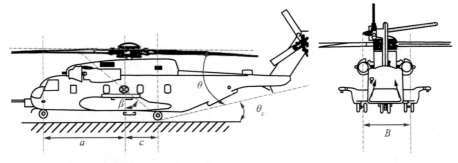

图 4-18 轮式起落架的主要参数

知识点❺ 动力装置

无人直升机常见的动力装置有两种：活塞式发动机和涡轮轴发动机，微型无人直升机则一般采用电机驱动。活塞式发动机技术较为成熟，成本低，制造相对简单，目前许多轻型无人直升机仍采用。涡轮轴发动机第一次在直升机上应用是 20 世纪 50 年代，其内部构造如图 4-19 所示。与活塞式发动机相比，涡轮轴发动机在功重比和最大功率上有着巨大的优势，体积也相对较小，只在耗油率上略高于活塞式发动机。电机驱动的优点是结构简单、噪声小、环保性能好、振动小；缺点是目前的电池能量密度偏低，导致无人机续航时间和航程不足。

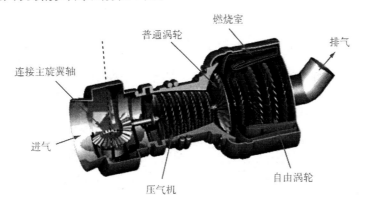

图 4-19 涡轮轴发动机内部结构示意图

使用活塞式发动机的无人直升机一般起飞质量较小，据统计鲜有超过 1 t 起飞质量的无人直升机使用活塞式发动机。一般的轻型无人直升机安装一台活塞式发动机，发动机常布置于旋翼轴主减速器下方，机身内部。这种布置的缺点是进排气路径较长，在一定程度上会影响发动机的进气效率，进而影响发动机的输出功率，而且发动机置于机身内部可能给维护工作带来一定困扰。

目前起飞质量较大的无人直升机只能使用涡轮轴发动机，新研制的无人直升机大部分优先采用涡轮轴发动机，仅有小功率需求的无人直升机考虑活塞式发动机。涡轮轴发动机相较于普通涡轮发动机多了自由涡轮。常规涡轮轴发动机的主轴驱动压气机，压气机并与输出轴直接连接。涡轮轴发动机的自由涡轮和输出轴连接，普通涡轮（固定涡轮）与压气机连接，这样的好处是发动机启动后压气机可以工作，而自由涡轮可以不工作，即可以做到发动机启动后螺旋桨不转动，直到启动可靠后再将功率输出给旋翼轴。这种设计相较于活塞式发动机或无自由涡轮的涡轮轴发动机，可以不安装起动离合器。

涡轮轴发动机常布置在机身顶棚处，并用整流罩包裹；单发直升机的涡轮轴发动机常布置于旋翼轴后侧。由于涡轮轴发动机体积小、功重比高，根据需要可布置2~3台，放置于旋翼轴两侧和后侧。一般来说，涡轮轴发动机的排气功率占到总功率的$\frac{1}{10}$左右，有些无人直升机会刻意使用废气能量协助机体做航向控制。

任务实施

常见无人直升机的结构分析

本任务分组实施，团队成员合作，自行上网搜索无人机产品。选定一款无人直升机，利用所学知识从用途、性能指标、整体外观、旋翼、机体、尾桨、起落架、动力装置等进行分析。最终形成PPT向全班同学汇报。

技能目标

1. 认识不同类型的无人直升机。
2. 掌握无人直升机的各部分结构组成。

实训任务书

实训任务书见表4-1。

表4-1 实训任务书（1）

序号	任务名称	任务描述
1	确定型号	自行上网搜索商品化无人直升机产品
2	产品的用途及性能指标	
3	旋翼系统	
4	机体构成	
5	尾桨	
6	起落架	

续表

序号	任务名称	任务描述
7	动力装置	
8	记录	

任务记录

学生任务记录表见表 4-2。

表 4-2 任务记录表（1）

班级		组号		组长	
本组成员：					
任务分工：					

任务分析

1. 分组提交 PPT 并汇报任务实施结果。
2. 各组互相评价任务实施结果。
3. 教师结合学生完成情况进行点评、分析和总结。

评价反馈

评价反馈表见表 4-3。

表 4-3 评价反馈表（1）

评价项目	自评	小组互评	教师评价
任务是否按计划时间完成			
相关理论完成情况			
任务完成情况			
任务创新情况			
语言表达能力及沟通协作情况			

工作任务二　无人直升机的飞行控制方式

任务描述

无人直升机在飞行过程中，除自身重力外，还受到的空气动力和力矩的作用，包括旋翼、尾桨、平尾、垂尾、机身的空气动力及其对全机重心的力矩，以及旋翼、尾桨的反扭矩和桨毂力矩。无人直升机的飞行控制依赖于这些力和力矩的改变。无人直升机的俯仰力矩，包括旋翼拉力力矩、旋翼轴向力力矩、桨毂俯仰力矩、平尾俯仰力矩、机身俯仰力矩及尾桨反扭矩。无人直升机的偏航力矩，包括旋翼反扭矩、尾桨拉力偏航力矩及垂尾偏航力矩。无人直升机的滚转力矩，包括旋翼侧向力滚转力矩、旋翼桨毂力矩和尾桨滚转力矩。与固定翼无人机不同的是，虽然大部分无人直升机同样有垂尾和平尾，但其飞行控制依赖的是对旋翼和尾桨的操控，平尾与垂尾一般只起到辅助作用和稳定性作用。

任务学习

知识点 ❶　旋翼的气动力分析方法

旋翼与空气互相作用产生气动力，气动力为无人直升机提供了空中平衡、稳定和操纵的前提。旋翼的气动力和固定翼机翼的气动力产生机理存在一定的相似性，每一根桨叶类似于一根机翼，如图 4-20 所示。机翼升力满足公式

$$L = \frac{1}{2}\rho V^2 S C_L \tag{4-2}$$

式中，L 为升力；ρ 为大气密度；V 为来流速度；S 为机翼面积；C_L 为机翼升力系数。机翼一般存在扭转不是平直的情况，可以将机翼沿展向分成足够多的小段，每一小段有一个翼型，忽略翼尖的三维流动，可以认为机翼的升力是展向积分而来。

$$L = \frac{1}{2}\rho V^2 \int_0^R c_y C_l \, \mathrm{d}y \tag{4-3}$$

式中，c_y 为该剖面的弦长；C_l 为该剖面翼型升力系数；$\mathrm{d}y$ 为某一微段长度；R 为机翼展长。

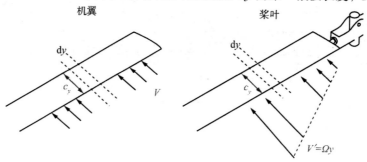

图 4-20　机翼升力螺旋桨叶升力示意图

旋翼与机翼的差别在于机翼上各剖面的来流速度可以认为是相同的,而旋翼上各剖面的来流速度显然是不相同的,越靠近桨尖的速度越大,越靠近桨根的速度越小。因此旋翼的拉力满足

$$L = \frac{1}{2}\rho \int_0^R (\Omega y)^2 c_y C_l \mathrm{d}y \tag{4-4}$$

式中,Ω 为旋转角速度;y 为该剖面与翼根平面的距离。

改变机翼的升力一般有两种方法,一种是改变速度,另一种是改变迎角(本质是在改变 C_L 机翼升力系数)。同理,无人直升机可以改变旋翼的转速 Ω 来调节旋翼升力,也可以改变旋翼的安装角来改变升力,如图 4-21 所示。桨叶可以绕轴向铰变距,飞手可以操纵总距杆的同时改变所有桨叶的桨距角,操纵周期变距杆周期性地改变桨叶的桨距角。

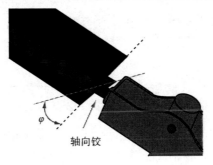

图 4-21 桨叶通过绕轴向铰旋转变距

目前旋翼的气动力分析方法主要有滑流理论、叶素理论和涡流理论,3 种方法各有优劣,在工程上适用于不同分析场景。下面仅介绍滑流理论。

试验测量表明,无人直升机处于轴流状态时,从桨盘上方到桨盘下方,气流速度逐渐增大,如图 4-22 所示。桨盘上方压强逐渐减小,桨盘处是一个压力突变点,旋翼旋转的动能变为了空气的压力能,压强增加,然后经过桨盘后压强再次减小恢复至初始状态。因此桨盘上方和桨盘下方可以分开讨论。

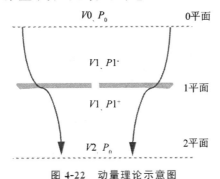

图 4-22 动量理论示意图

我们将距离桨盘上方一定高度的位置命名为"0 平面",桨盘位置命名为"1 平面",桨盘位置往上微小的距离命名为"1^- 平面",桨盘位置往下微小的距离命名为"1^+ 平面",桨盘下方一定距离的位置命名为"2 平面"。显然,"0 平面"~"1^- 平

面"满足伯努利方程,"1平面"旋翼为空气输入大量能量,"1平面"之后的"1^+平面"~"2平面"也满足伯努利方程。

$$\begin{cases} 0\text{平面能量} = 1^-\text{平面能量} \rightarrow P_0 + 0.5\rho V_0^2 = P_1 + 0.5\rho V_1^2 \\ 1^-\text{平面能量} + \Delta P = 1^+\text{平面能量} \\ 1^+\text{平面能量} = 2\text{平面能量} \rightarrow P_1^+ + 0.5\rho V_1^2 = P_0 + 0.5\rho V_2^2 \end{cases} \quad (4\text{-}2)$$

式中,ΔP 为旋翼转动导致空气压力的提高,即桨盘面上下压力差。

ΔP 是我们关心的量,因为:桨盘面上下压力差×桨盘面积=桨盘拉力。

知识点❷ 旋翼的挥舞运动

1. 轴流状态下的桨叶周向气流

轴流状态是指无人直升机在无风状态下悬停、垂直上升和垂直下降时,旋翼周向气流仅受到旋翼转动影响,无侧风影响的状态。

我们首先规定螺旋桨位置的描述方式。考虑到我国大部分无人直升机为俯视顺时针转动,因此规定俯视视角观察螺旋桨,桨叶在旋翼轴的正后方时为0°,桨叶在旋翼轴正左方时为90°,桨叶在旋翼轴正前方时为180°,桨叶在旋翼轴正右方时为270°,如图4-23所示。

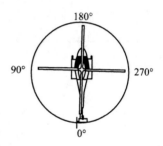

图4-23 桨叶所在方位角描述

当无人直升机处于轴流状态下时,桨叶上的周向气流速度速度 u 为

$$u = \Omega r \quad (4\text{-}2)$$

式中,r 为桨叶上任意点到旋翼轴中心的距离。

轴流状态下的旋翼周向气流速度分布图如图4-24所示。各点周向速度不随方位角改变而改变,整体气流速度分布相对旋翼轴符合中心对称规律。桨尖的周向气流速度最大,越靠近旋翼中心,周向气流速度越来越小。

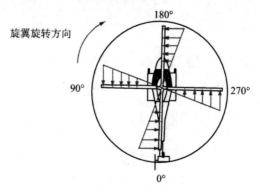

图4-24 轴流状态下的旋翼周向气流速度分布图

2. 前飞状态下的桨叶周向气流

当无人直升机在向前飞行时，不同方位角的周向气流速度不同，是不对称的。桨叶各点周向速度是前飞速度和旋转速度的矢量和。前飞状态下的旋翼周向气流速度分布图如图 4-25 所示。

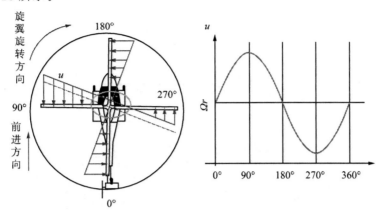

图 4-25　前飞状态下的旋翼周向气流速度分布图

假设无人直升机的前飞速度为 V，桨叶任意点处周向气流速度符合式

$$u = \Omega r + V \sin \psi \tag{4-3}$$

式中，φ 为方位角。

由此可见，桨叶处任意点的周向气流速度随桨叶旋转角速度 Ω、半径 r、前飞速度 V 及方位角 φ 变化。在 $0° < \varphi < 180°$ 的范围内，桨叶的周向气流速度大于轴流状态下桨叶的周向气流速度，我们称这个方位角范围内的桨叶为前行桨叶，当方位角为 90°时，前行桨叶周向气流速度达到最大值。在 $180° < \varphi < 360°$ 范围内，桨叶的周向气流速度小于轴流状态下桨叶的周向气流速度，我们称这个方位角范围内的桨叶为后行桨叶，在当方位角为 270°时，桨叶周向气流速度达到最小值。

由于越靠近桨根处速度越小，当无人直升机前飞时，在后行桨叶靠近桨根的位置，前飞速度会大于桨叶旋转导致的相对气流速度。这就使得这一部分区域气流是从桨叶的后缘流向前缘，形成"反流区"，如图 4-25 中绿色区域所示。虽然翼根处对整根桨叶的拉力贡献较小，但是如果反流区过大，势必影响旋翼的拉力，因此旋翼所能容许的最大反流区范围限制了无人直升机的最大前飞速度 V_{max}。

3. 旋翼的挥舞

旋翼在前飞时，左右侧流速不对称，导致左右侧桨盘的拉力不对称。如果桨叶与桨毂刚性连接，则这个不对称的拉力会形成力矩，迫使机体向一侧滚转。另外，桨叶在一侧拉力大，一侧拉力小，每根桨叶上的拉力都会发生周期性地变化，形成交变载荷，桨叶极容易疲劳破坏。

挥舞铰的出现解决了这一问题，挥舞铰允许桨叶做相对于气流方向的上下挥舞动作，如图 4-26 所示。当桨叶上的速度增大、拉力增大时，桨叶受拉力牵引向上挥舞，即在方位角在 0°~180°时向上挥舞，在 180°~360°时向下挥舞。挥舞时桨叶产生向上的速度，根据相对性原理，桨叶向上运动等同于气流向下运动，因此向上挥舞的桨叶迎角减小，拉力减小，向下挥舞的桨叶迎角增大，因此拉力增大，这在一定程度上改善了左右侧拉力不平衡的情况。同时由于桨叶可以绕着水平铰转动，桨叶上的弯矩在水平铰上被释放，桨叶的受力环境大大改善，这也变相减轻了桨叶的质量。

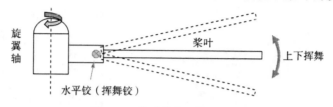

图 4-26　桨叶的上下挥舞动作

桨叶在挥舞状态下的受力分析如图 4-27 所示。桨叶工作时主要受到重力、气动力、惯性离心力以及桨毂对桨叶的拉力作用，这些力会在水平铰上产生旋转力矩。显然，桨叶的重力力矩使得桨叶下垂，桨叶的气动力力矩使得桨叶上挥，桨叶的惯性力力矩使桨叶趋于水平面，桨毂的拉力经过水平铰不产生力矩。除了旋翼非常缓慢旋转的情况，桨叶的重力≪桨叶的气动力≪桨叶的离心力。因此在大部分情况下，桨叶会向上挥起一个小角度 α_0，这个角度一般不超过 10°。当旋翼处于轴流状态下时，由于左右对称，桨叶上的受力合力指向上方该角度即为旋翼锥角，α_0 即为旋翼在该状态下的旋翼锥角。

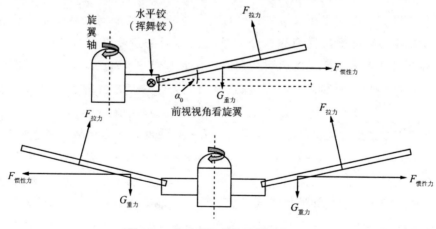

图 4-27　桨叶挥舞状态下的受力分析

知识点❸　旋翼的摆振运动

安装水平铰后，桨叶可以上下挥舞，但也带来另一个问题，即桨叶的摆振。桨叶可以挥舞之后，意味着桨叶的重心位置不断变化，而同时桨叶又在高速旋转，这就产生了科里奥利力，简称"科氏力"或"哥氏力"。科氏力是一种在旋转系中直线运动物体特有的惯性力,当桨叶上挥时,科氏力使得桨叶向前摆动(加速旋转),当桨叶下挥时,科氏力使得桨叶向后摆动(减速旋转)。

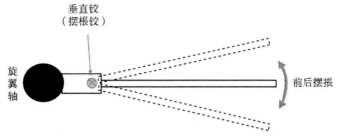

图 4-28 俯视视角看旋翼

这种交变载荷同样会造成桨叶疲劳破坏,吸取水平铰的设计经验,立刻又诞生了垂直铰并解决了这一问题。目前习惯在垂直铰处设置减摆器,这样可以控制旋翼的摆振速率。

任务实施

无人直升机的飞行姿态控制方法

本工作任务要求学生掌握实现 6 种飞行姿态的操纵方式,以加深对飞行原理及操纵方式的理解。学生可在模拟器中实现无人直升机的起飞降落、前进后退、左移右移以及俯仰横滚偏航。

任务目标

1. 掌握无人直升机的飞行原理。
2. 掌握无人直升机的飞行操纵方法。

实训任务书

实训任务书见表 4-4。

表 4-4 实训任务书(2)

序号	直升机姿态名称	操纵描述	备注
1	起飞降落		
2	前后		
3	左右		
4	俯仰		
5	横滚		
6	偏航		

任务分析

1. 若干名同学抢答阐述任务分析结果。
2. 学生之间互相评价任务分析结果。
3. 教师结合学生完成情况进行点评、分析和总结。

评价反馈

评价反馈表见表 4-5。

表 4-5　评价反馈表（2）

评价项目	自评	教师评价
任务是否按计划时间完成		
相关理论完成情况		
任务完成情况		
任务创新情况		
语言表达能力及沟通协作情况		

学习情景五
无人机的平衡、稳定性和操纵性

学习情景

　　固定翼无人机在空中飞行时，时而保持稳定地前飞，时而做出转弯、抬头等灵巧的动作。稳定的飞行是如何保持的呢？灵巧的动作又是怎么操作的呢？想要了解这些，我们需要研究不同飞行状态下作用在无人机上的外力矩和外力，以及保持外力矩和外力平衡的条件。在平衡状态的基础上，讨论无人机受到干扰（如突风等）后是否具有自动恢复到原来平衡状态的趋势以及最终能否回到原来的平衡状态，这就是无人机的稳定性。同时还需要讨论无人机从一个起始平衡状态转变为另一个平衡状态所需的最终操纵机构偏角，即无人机的操纵性。

　　对于常规布局的固定翼无人机来说，无人机的平衡与稳定性主要取决于无人机的布局设计，包含机翼的焦点位置设计、重心位置设计、机翼的后掠角设计、上反角设计，机身和机翼的位置关系设计、平尾和重心的位置关系设计等。无人机操纵性的实现，一般依赖无人机上的油门和3个主舵面来实现。主舵面包含升降舵、方向舵和副翼。副翼主要用于平衡无人机的滚转力矩以及操纵无人机的滚转和偏航。方向舵主要用于平衡无人机的偏航力矩和操纵无人机的偏航。升降舵主要用于平衡无人机的俯仰力矩和操纵无人机的俯仰。油门则直接影响无人机的速度和高度。

　　通过本学习情境的学习，学生能够认识和了解影响固定翼无人机稳定性及操纵性的因素，对不同外形和结构的无人机的设计理念有进一步的认识。

工作任务一　固定翼无人机平衡

任务描述

固定翼无人机在空中定速飞行时，其所受的力和力矩必然是平衡的。本任务基于经典牛顿力学，解构固定翼无人机在空中所受的典型力与力矩及其各自的方向，并解释其六自由度的平衡关系。无人机的六自由度包括：

（1）无人机沿着机身轴线方向的前后运动。
（2）无人机沿着立轴方向的上下运动。
（3）无人机沿着横轴方向的左右平移运动。
（4）无人机沿着横轴方向的旋转运动（俯仰）。
（5）无人机绕着机身轴线方向的旋转运动（滚转）。
（6）无人机沿着立轴方向的旋转运动（偏航）。

无人机的3个旋转方向如图5-1所示。

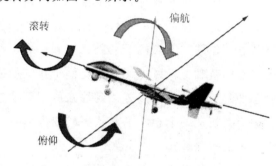

图5-1　无人机的3个旋转方向

任务学习

知识点❶　固定翼无人机的坐标轴和受力

固定翼无人机在空间中的运动包含6个自由度，即将无人机简化为质心在X、Y、Z方向平移运动和无人机绕过质心的X、Y、Z轴的3方向旋转运动。作用在无人机上的力包括重力、推力、气动力以及相应的力矩，均需要选择合适的坐标系来描述它。因此在研究固定翼无人机的平衡性之前，首先需要规定其坐标系。

1. 机体坐标系

固定翼无人机常用机体坐标轴如图5-2所示。O为无人机实际质心位置，OX_b轴取无人机的中轴线，指向机头方向。OZ_b轴处在无人机的对称面内，垂直OX_b轴指向无人机下方。OY_b 轴则垂直于 OX_bZ_b 平面，指向无人机的右侧。坐标系符合右手准则。

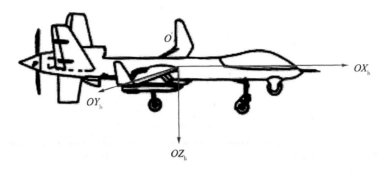

图 5-2　无人机常用机体坐标轴

俄式机体坐标系同样也是右手坐标系，如图 5-3 所示。与前述坐标系不同的是：OY_b 轴向上，OZ_b 轴垂直于 OX_bY_b 平面向右。两种坐标系没有优劣之分，一般依据无人机主机单位经验和习惯确定。

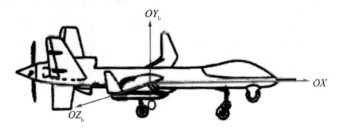

图 5-3　俄式机体坐标系

2. 地面坐标系

地面坐标系类似于机体坐标系，如图 5-4 所示。原点 O 可以是地面任意点，OX_g 轴指向水平面任意方向，OZ_g 轴垂直于地面指向地心方向，OY_g 轴垂直于 OX_gZ_g 平面指向右侧。

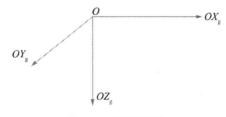

图 5-4　地面坐标系

3. 速度坐标系（又称气流坐标系）

速度坐标系如图 5-5 所示。O 为无人机实际质心位置，OX_w 取无人机的速度方向且重合。OZ_w 处在无人机对称面上，垂直于 OX_w 轴且指向下方，OY_w 垂直于 OX_wZ_w 平面且指向无人机右侧。

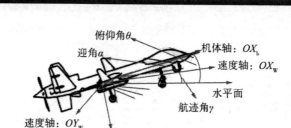

图 5-5 速度坐标系与无人机纵向倾角

4. 航迹角、姿态角与气流角

机体坐标系和速度坐标系是无人机飞行性能分析中常用的两个坐标系,两者存在一定联系。由于大部分无人机即使在平飞时依旧保持一个小的迎角以维持升力,因此速度坐标系与机体坐标系基本不重合。如图 5-5 所示,当无人机无滚转时,机体轴 OX_b 与速度轴 OX_w 存在夹角 α,该夹角即为无人机迎角。机体轴 OX_b 与水平面 OX 轴存在夹角 θ,该夹角即为无人机俯仰角。速度轴 OX_w 与水平面 OX 轴存在夹角 γ,该夹角即为无人机航迹倾斜角。当无人机保持高度水平前飞时,航迹倾斜角 $\gamma=0$;当无人机爬升时,航迹倾斜角 $\gamma>0$;当无人机下滑时,航迹倾斜角 $\gamma<0$。

显然,当无人机无滚转时,这 3 个角度符合下列关系式:

$$俯仰角(\theta) = 迎角(\alpha) + 航迹倾斜角(\gamma) \tag{5-1}$$

如图 5-6 所示,如果俯视无人机,当无人机无滚转时,无人机的机体轴 OX_b 与地面轴 OX 轴存在夹角 Ψ,该夹角即为偏航角。无人机的机体轴 OX_b 与速度轴 OX_w 存在夹角 β,该夹角即为侧滑角。无人机的速度轴 OX_w 轴与地面轴 OX 轴存在夹角 χ,该夹角即为航迹方位角。无人机的上述航向倾角以右偏航为正。

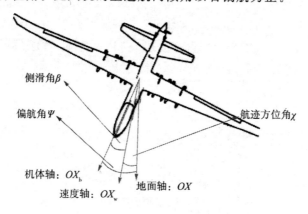

图 5-6 无人机的航向倾角

显然,当无人机无滚转时,这 3 个角度符合下列关系式:

$$偏航角(\Psi) = 侧滑角(\beta) + 航迹方位角(\chi) \tag{5-2}$$

如图 5-7 所示,如果正视无人机,机体轴 OZ_b 与地面轴 OZ 存在夹角 φ,该夹角即为滚转角。速度轴 OZ_w 与地面轴 OZ 存在夹角 μ，该夹角即为航迹滚转角。上述横向倾角以右滚转为正。

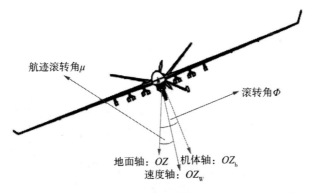

图 5-7 无人机的横向倾角

需要注意的是：在 X 和 Y 方向上，我们都关注了机体轴和速度轴的夹角，并分别命名为迎角和侧滑角，但在 Z 方向我们并不关注这两个坐标系的夹角。因为在空气动力学的研究中，迎角和侧滑角会影响无人机的气动力，但是 Z 方向的这个角则没有明显影响。其本质是速度——一个只有方向没有宽度的矢量，以该矢量的方向为轴线旋转是没有意义的。

5. 无人机的受力

无人机受力示意图如图 5-8 所示。首先是沿无人机立轴方向（OZ_b 轴）的受力分析，如图 5-8（a）所示。固定翼无人机的左右两侧机翼提供正升力，沿气流坐标系的 OZ_w 轴向上。左右尾翼一般提供负升力，沿气流坐标系的 OZ_w 轴向下。另外，机身还提供了少量正升力，沿气流坐标系的 OZ_w 轴向上。最后全机还受到重力 G 的作用，沿地面坐标系的 OZ 轴向下。当无人机在空中保持平衡时，无人机所受的重力在气动力方向的分量等于机翼、尾翼和机身的升力之和。其纵向受力遵循公式

$$L_{左机翼} + L_{右机翼} + L_{左尾翼} + L_{右尾翼} + L_{机身} + G \times \cos\gamma = 0 \tag{5-3}$$

式中，L 为各部件升力。

沿机身轴线（OX_b 轴）的受力分析如图 5-8（b）所示。无人机在飞行过程中各部件均产生阻力，这些阻力由无人机的发动机来克服。机身、左右机翼和尾翼（包含左右平尾和垂尾）的阻力均沿着气流坐标系的 OX_w 轴向后，发动机推力则沿着发动机的轴线向前。需要注意的是，发动机推力轴线一般不与机身主轴线重合，甚至会与机身主轴线存在一定的角度，在复杂状态分析时，一般默认发动机推力轴线平行于机身主轴线。当无人机在空中平衡时，其轴向受力遵循公式

$$D_{左机翼} + D_{右机翼} + D_{尾翼} + D_{机身} + T \times n \times \cos\gamma = 0 \tag{5-4}$$

式中，T 为单台发动机推力；n 为发动机个数；D 为各部件阻力。

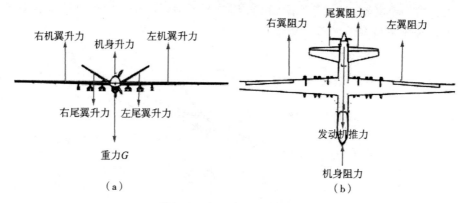

图 5-8 无人机受力示意图

无人机在正常平飞时，几乎没有沿横向（OY_b 轴）的侧力。只有当无人机遇到不同于原速度方向的突风导致其出现侧滑或滚转时才会产生侧力。该侧力可以由无人机的机翼和垂直尾翼产生反方向的侧力克服。

综上，无人机在机身轴线方向的力的平衡依赖于发动机。假设无人机阻力变大，飞行员就要增大发动机油门以获得更大的推力。无人机在纵轴方向的力的平衡依赖于升力，每一架次无人机的起飞质量不一样，飞手可以调节无人机的速度和迎角，以产生符合重力的升力。在正常平飞状态下，无人机横轴方向基本不受力。

虽然无人机受力平衡之后不会有 3 个方向的平移运动，但还需要考虑力矩的平衡。因为无人机的机翼、尾翼、发动机等部件产生的力，各自作用于不同的位置，不可能所有力都正好经过重心，这些力就会绕重心形成力矩，使得无人机产生绕重心的 3 个方向的旋转运动。接下来我们就要认识无人机的重心以及 3 个方向的力矩，考虑如何实现力矩平衡。

知识点 ❷　俯仰平衡

1. 固定翼无人机重心的确定

固定翼无人机在飞行时依靠各舵面产生的力矩控制无人机的姿态，其所受力矩一般以无人机重心作为参考点，因此无人机重心的确定非常重要。不仅是在无人机的设计、生产、验收交付阶段，在实际使用过程中，为确保无人机飞行安全，每次起飞之前均建议进行一次无人机重心的测量。如果无人机重心位置超过预设范围，则原先预设的无人机飞控可能无法控制无人机在空中的姿态。

对于一般固定翼无人机来说，机身轴线方向（X 方向）的重心坐标比较重要，横向（Y 方向）和垂向（Z 方向）的重心坐标则并不做特别强调。固定翼无人机重心的测定方法较多，微小型的固定翼无人机可以采用悬挂法测量。中大型固定翼无人机常采用千斤顶称重法和机轮称重法。

悬挂法是在固定翼无人机上找一任意点，用一根细绳悬挂无人机，画出物体静止后的重力线，同理再找一点悬挂无人机，两条重力线的交点就是物体的重心。

千斤顶称重法存在操作安全性较差、风险较大的缺陷。本书详细介绍机轮称重法。此方法是在机轮处放置称重设备来测量无人机的质量和重心，如图5-9所示。该方法操作安全，对无人机蒙皮的损伤风险较小。另外，目前电子传感器精度不断提高，使得该方法的测量精度也不断提升。

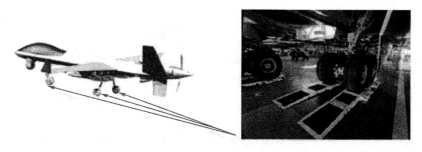

图5-9 机轮称重法示意图

在称重过程中，需要记录3个在机轮位置处测得的质量数据，同时还需要测量前轮到左后轮的长度 L_1、前轮到右后轮的长度 L_2、两后轮间距 L_3 以及前轮至参考原点（一般为机头位置）的水平距离 L_4，如图5-10所示。

图5-10 无人机称重几何视图

无人机空重符合公式

$$E.W. = G_L + G_R + G_N \tag{5-5}$$

式中，G_L 为左主后轮处地秤所测质量；G_R 为右主后轮处地秤所测质量；G_N 为前轮处地秤所测质量。

前后轮间距为

$$L_0 = \sqrt{\left(\frac{L_1 + L_2}{2}\right)^2 - \left(\frac{L_3}{2}\right)^2} \tag{5-6}$$

无人机重心为

$$X_{cg} = \frac{(G_L + G_R) \times L_0}{G_L + G_R + G_N} + L_4 \tag{5-7}$$

请按照任务实施中的重心测量步骤，结合前文重心测量的原理与公式，完成固定翼无人机的重心测量。

2. 固定翼无人机纵向静稳定力矩

固定翼无人机纵向静稳定力矩是由飞行器各个部件所产生的力矩之和来表示的，常见的影响纵向力矩的部件有机翼、机身、平尾、发动机、起落架等，这些力矩会直接影响无人机的俯仰运动，即无人机的抬头与低头动作，如图 5-11 所示。本节着重分析机翼、机身和平尾对纵向力矩的影响。

图 5-11 无人机的俯仰动作（抬头与低头）

（1）机翼部分。在飞行过程中，机翼受到升力和阻力，其合气动力 R_w 一般不会正好经过飞行器的重心，因此这个合气动力会绕重心产生纵向力矩，R_w 的作用点称为机翼的压力中心，如图 5-12 所示。其相对于重心的纵向力矩公式为

$$M_{w-\text{重心}} = R_w \times (x_{c.g} - x_{pc.w}) \tag{5-8}$$

式中，下标"w"代表英文单词 Wing，指机翼；$x_{c.g}$ 指重心到机翼前缘的距离；$x_{pc.w}$ 指压力中心到机翼前缘的距离。

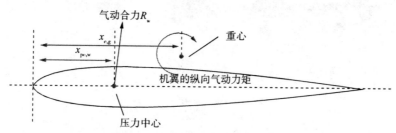

图 5-12 机翼的纵向气动力矩示意图

在实际飞行中，随着迎角 α 的改变，气动力 R_w 和压力中心 $x_{pc.w}$ 均会发生改变。这对我们分析问题产生了很大的影响。迎角 α 增大，一般压力中心前移，气动力增大。因此空气动力学的先驱科学家们猜想，是否存在另外一个假想的点（此处假想的点指物理上不存在，但为了数学解算方便而假想的具有数学意义的点），使得迎角变化时，气动力虽然增大，但是压力中心距离该点的距离减小，最终使得气动力对该点的力矩始终不变（严谨来说，试验证明是绕该点的气动力矩变化很小）。

$$M_{w-\text{某点}} = R_w\uparrow \times (x_{\text{某点}} - x_{pc.w})\downarrow \tag{5-9}$$

该点被称为焦点，又称气动中心。显然，为实现迎角增大、力臂变短的要求，焦点一般应在压力中心的前部。对于普通的低速固定翼无人机，焦点位置处在距离机翼

前缘 0.23～0.24（约 $\frac{1}{4}$）倍弦长位置，且不移动。迎角在无人机常用范围内不管如何变化，机翼绕焦点的纵向力矩基本不变，该力矩值又称机翼的"零升力矩 $M_{0,w}$"。同时这一特性也可以看作升力变化量的作用点就是焦点，不管升力如何变化，将其假想作用在焦点上，则相对于焦点的力臂恒为 0，升力值的变化不影响升力力矩值。

现在已知迎角变化后，气动力绕焦点的力矩基本不变，同时焦点的位置也基本不变，重心的位置显然是固定的，那么根据图 5-13 所示的受力分析，机翼上的气动力绕重心的力矩除了式（5-8）的写法，又可以简单写成（由于阻力远小于升力，忽略阻力对纵向力矩的影响）

$$M_{w-重心} = M_{0,w} + L_w \times (x_{c,g} - x_{ac,w}) \tag{5-10}$$

式中，$M_{0,w}$ 为前面所述零升力矩；L_w 为气动力增量；$x_{ac,w}$ 为焦点距离机翼前缘的距离；$x_{c,g}$ 为重心距离机翼前缘的距离。

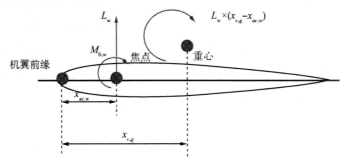

图 5-13　机翼纵向力矩分解示意图

显然在式（5-8）中，对于某一个机翼，其零升力矩 $M_{0,w}$、重心与焦点的距离 $(x_{c,g} - x_{ac,w})$ 可视为定值，则机翼纵向力矩 M_w 只与其升力 L_w 相关。这对于我们分析问题是有益处的。另外，焦点与重心的位置关系也决定了机翼纵向力矩的方向。显然，若焦点在重心之前，机翼的纵向力矩使无人机抬头；若焦点在重心之后，机翼的纵向力矩使无人机低头。

一般规定，使无人机抬头的俯仰力矩方向为正，使无人机低头的俯仰力矩方向为负。

（2）机身部分。现代无人机的机身基本为旋成体，一般其气动合力为 0，仅存在力偶矩。机身的纵向力矩主要由机翼对机身绕流的诱导产生的，本节不做过多说明。一般来说，机身会使全机的零升力矩绝对值增加，使机翼焦点向前移动。

$$M_{wb} = M_w + M_b = (M_{0,w} + M_{0,b}) + L_{wb} \times (x_{c,g} - x_{ac,wb}) \tag{5-11}$$

式中，下标"b"代表英文单词"body"，指机身；下标"wb"则代表翼身组合体，其公式与式（5-10）一致。

（3）平尾部分。单独平尾的纵向力矩特性与机翼类似，不过平尾一般采用对称翼型，无气动扭转或几何扭转，此处参考机翼的纵向力矩推导过程，得到全机的纵向力矩系数，可写成以下形式：

$$M_{wbt} = M_w + M_b + M_t = (M_{0,w} + M_{0,b} + M_{0,t}) + L_{wb} \times (x_{c,g} - x_{ac,wbt}) \quad (5-12)$$

式中，下标"t"代表英文单词"Tail"，指尾翼。

平尾一般使得气动焦点往后移动，平尾的零升力矩增量一般为正值。

（4）全机俯仰平衡。考虑机翼、机身和尾翼对全机俯仰平衡的影响，忽略其他因素对全机俯仰平衡的影响，则 M_{wbt} 可简写为 M，$x_{ac,wbt}$ 可简写为 x_{ac}。式（5-11）又可简写为

$$M = M_0 + L \times (x_{c,g} - x_{ac}) \quad (5-13)$$

式中，M 为全机纵向力矩，$M_0 = M_{0,w} + M_{0,b} + M_{0,t}$，代表全机零升力矩；$L$ 为升力增量；$x_{c,g}$ 为全机质心位置；x_{ac} 代表全机气动中心（焦点）。显然，当 $M=0$ 时，无人机的纵向是平衡的，不会产生俯仰运动。

如图 5-14 所示，固定翼无人机的纵向受力如同人挑扁担一样，一头是重力向下，一头是平尾气动力向下，中间是机翼升力向上。只要找好重心的位置，这根"扁担"就不会旋转起来。常规固定翼无人机全机焦点在重心之后，提供低头力矩，平尾提供抬头力矩，实现俯仰平衡。全机焦点的位置主要取决于机翼焦点的位置，以及平尾、机身所引起的焦点变化量。机身的影响使得焦点位置前移，平尾的影响使得焦点位置大幅后移。常规布局的固定翼无人机全机焦点一般在重心之后，翼身组合体焦点（只考虑机翼机身，不考虑尾翼）则在重心之前。

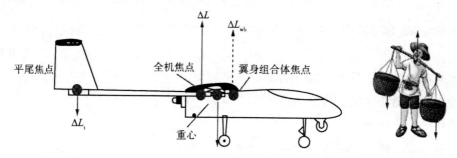

图 5-14　全机焦点（右侧图片来源于网络）

知识点❸　方向平衡与横向平衡

在分析了无人机的纵向力矩特性（或称俯仰力矩特性）后，接下来要进一步分析无人机的方向力矩（侧向力矩）和横向力矩。这两个方向的力矩常耦合在一起，无人机的偏航运动和滚转运动也往往叠加在一起，如图 5-15 所示。绝大部分无人机横滚会引起偏航，偏航也会引起横滚，因此我们一般将其统称为横侧运动。

学习情景五 无人机的平衡、稳定性和操纵性

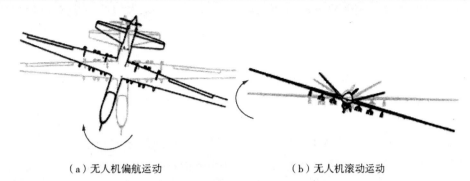

(a) 无人机偏航运动　　　　　　(b) 无人机滚动运动

图 5-15　无人机偏航运动和滚转运动

与纵向力矩类似，全机的横向、侧向稳定力矩，可以通过无人机上各个部件的力矩之和来表示。其侧力和偏航力矩主要由垂尾及机身产生，滚转力矩则由机翼和垂尾产生。

1. 机翼的后掠角对横侧向力矩的影响

水平线与机翼 1/4 弦线之间的夹角称为后掠角，如图 5-16（a）所示。在无人机无侧滑飞行时，无人机是对称的，基本不会受到横侧向力矩的影响。假设无人机在飞行中因突风等因素产生了右侧滑，侧滑角为 β。为简单刻画，不妨假设该侧滑角正好使得来流速度与右侧机翼的 1/4 弦线垂直（这样的右侧机翼类似于没有后掠角的平直机翼），此时左侧机翼的 1/4 弦线与来流速度之间就存在一个明显的大角度。机翼的气动理论认为，机翼上的气动力是由垂直于焦线的局部速度和该局部速度的迎角决定的，因此左侧机翼上的速度需要做投影分解。很显然，对于机翼来说，右侧机翼的来流速度 $V_右$ 大于左侧机翼的来流速度 $V_左$，如图 5-16（b）所示。

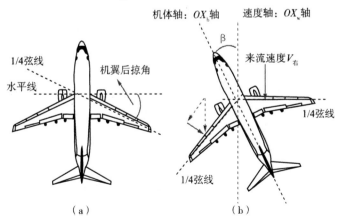

图 5-16　后掠角对横侧向力矩的影响

当然，不仅仅是速度，左右机翼的迎角同样会有变化，不过侧滑对带后掠角无人机的两侧机翼迎角差异的贡献较小，速度差异的贡献较大。

速度的差异会带来气动力的差异。显然在图 5-16 中，右侧机翼的来流速度大，升

力和阻力自然就大,左侧机翼的升力和阻力相对较小。无人机的右侧滑导致带后掠角的机翼左右气动力不一致,左右阻力的差异使得无人机产生了正的偏航力矩,左右升力的差异使得无人机产生了负的滚转力矩。滚转力矩一般远大于偏航力矩。

后掠角引起的滚转力矩系数增量计算公式为

$$\Delta C_{l,\chi} = -\frac{1}{2}C_L \overline{y_{s,c}} \beta \tan\chi \tag{5-14}$$

式中,$\Delta C_{l,\chi}$ 为滚转力矩系数增量;$\overline{y_{s,c}}$ 为半机翼面心到对称面的距离,是一个与机翼外形相关的值,当机翼确定后该值为定值;β 为侧滑角;χ 为后掠角。

2. 机翼的上反角对横侧向力矩的影响

机翼的上反角是指机翼的 1/4 弦线连线在 OY_bZ_b 平面的投影与 OY_b 轴的夹角。一般规定机翼上反为正,记为 ψ。

图 5-17 机翼上反角示意图

假设无人机具有上反角,在飞行中因突风等因素,产生了右侧滑。右侧滑导致右侧机翼的迎角增加,左侧机翼的迎角减小。两侧机翼迎角不同,导致气动力不同,其中升力差异导致的滚转力矩是主要的。正侧滑时产生的滚转力矩是负的,且该力矩值正比于无人机的上反角 ψ。上反角引起的左右机翼阻力差异导致的偏航力矩通常很小,可以忽略。

上反角引起的滚转力矩系数增量计算公式为

$$\Delta C_{l,\psi} = -\frac{1}{2}C_l \overline{y_{s,c}} \beta \psi \tag{5-15}$$

式中,$\Delta C_{l,\psi}$ 表示上反角引起的滚转力矩系数增量;$\overline{y_{s,c}}$ 为半机翼面心到对称面的距离,是一个与机翼外形相关的值,当机翼确定后该值为定值;ψ 为上反角。

3. 机身对横侧向力矩的影响

近代无人机的机身接近旋成体,因此只要飞行器的重心在机身的纵轴上,那么侧滑导致的滚转力矩增量 $C_{l\beta}$ 恒为 0,偏航力矩增量则存在。一般来说,偏航力矩增量对侧滑角的导数 $C_{n\beta}$ 为负值,即正的侧滑角产生负的偏航力矩。

由于机身和机翼总是组合在一起,所以仅分析机身是不够闭环的,还需要考虑机翼和机身的气动干扰作用。根据经验,机身和机翼的相对位置以及机身直径和机翼展长的比值会显著影响这个干扰量。

机翼和机身常见的组合形式如图 5-18 所示,包含中单翼、上单翼和下单翼。假设无人机在飞行中因突风等因素,产生了右侧滑,侧滑角为 β。根据速度的投影分解,机翼上有了从右往左的速度 V_y,如图 5-19 所示。

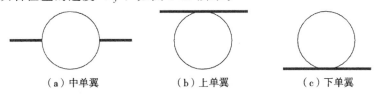

(a) 中单翼　　　　(b) 上单翼　　　　(c) 下单翼

图 5-18　机翼和机身常见的组合形式

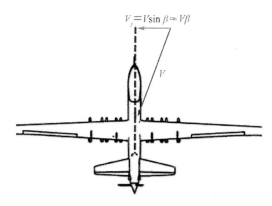

图 5-19　侧滑下速度的投影分解

假设当前无人机是上单翼,横向速度 V_y 在流经机身与机翼的交界处时,速度方向受到机身遮挡,不可避免地发生变化,如图 5-20 所示。由于机身遮挡,本来横向的流动有了向上的趋势,机身机翼交界处右侧的局部迎角就会增大,左侧的局部迎角就会相应减小。这种反对称的变化引起了无人机上滚转力矩的变化,右侧机翼升力增加,左侧机翼升力减小,显然,上单翼无人机在右侧滑下产生了负的滚转力矩。同理可得,下单翼无人机在右侧滑下产生正的滚转力矩。而中单翼无人机则基本上无干扰。

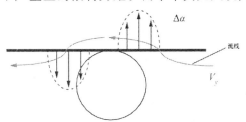

图 5-20　上单翼构型机身机翼交汇处局部流动

4. 垂直尾翼对横侧向力矩的影响

垂直尾翼对横侧向力矩的影响与水平尾翼对纵向力矩的影响类似。假设无人机在飞行中因突风等因素,产生了右侧滑,侧滑角为 β。暂不考虑翼身组合体涡系对垂尾前方流动的侧洗影响,垂直尾翼对全机横侧向力矩的影响如图 5-21 所示。右侧滑时,对垂直尾翼来说获得了正迎角,因此垂直尾翼获得了向左侧的升力,形成正的偏航力矩和负的滚转力矩。

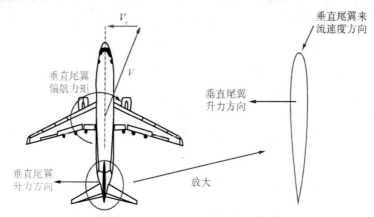

图 5-21 垂直尾翼产生横侧向力矩的原理

垂直尾翼上的滚转力矩值为

$$l_{vt} = C_{vt} h_{vt} \tag{5-16}$$

垂直尾翼上的偏航力矩值为

$$N_{vt} = C_{vt} l_{vt} \tag{5-17}$$

式中，下标"vt"代表垂直尾翼；C_{vt} 代表垂尾上因为侧滑产生的侧向力（即垂尾的升力指向侧向）；h_{vt} 和 l_{vt} 如图 5-22 所示。

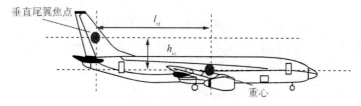

图 5-22 垂尾横侧向力矩计算

5. 横侧向力矩的平衡

综上所述，无人机的横侧向稳定力矩主要来源于其垂直尾翼以及后掠角（前掠角）、上反角（下反角）和上单翼（下单翼）。需要注意的是，只有当无人机在侧滑状态下时，垂直尾翼、后掠角、上反角、上单翼才会产生横侧向力矩。也就是说，在无外界突发干扰、飞手没有刻意偏转舵面时，无人机基本不受到横侧向力矩影响。若横侧向力矩为 0，则横向和机身轴向自然平衡。当然，实际因单发无人机发动机旋转、多发无人机两侧发动机推力不一致、突风等因素，会存在一些横侧向力矩，这些力矩就要通过副翼方向舵这些舵面产生反方向力矩来平衡。

当遇到突发干扰（如突风等）时，无人机可能会受干扰影响而产生侧滑，侧滑就会产生前文所述的横侧向力矩，有些无人机的这些横侧向力矩会使其侧滑逐渐减小，产生回到原先平衡状态的趋势。我们称这种无人机是横侧向静稳定的。而还有一些无人机则需要飞手操纵副翼和方向舵的偏转，才能使其回到原来无侧滑的状态，我们称

学习情景五　无人机的平衡、稳定性和操纵性

这种无人机是横侧向静不稳定的。纵向的稳定性同理。我们将在下一个工作任务中学习固定翼无人机的稳定性。

任务实施

固定翼无人机重量重心的测量

本任务分组操作,各小组团队合作,实现实训室中固定翼无人机的重心测量任务,并做好汇报准备。

技能目标

1. 了解中大型无人机重量、重心的测量条件。
2. 掌握中大型无人机重量、重心的测量步骤。
3. 掌握中大型无人机重量、重心的计算方法。

实训任务书

实训任务书见表 5-1。

表 5-1　实训任务书（1）

序号	任务名称	任务描述
1	环境条件检查	若在室外测量无人机重量、重心,则应挑选无风或微风的天气,防止机翼因风产生升力,进而影响重量的测量
2	设备检查	确认专用地秤数量准确（一般固定翼无人机测量重心需要 3 个地秤）,且已完成校准
3	移动无人机	将无人机移动到平坦的地面上
4	放置地秤	将地秤依次放置在无人机机轮前方,每个地秤与机轮的距离基本一致
5	启动地秤	开启地秤,并将数值归零
6	推动无人机上地秤	由小组成员将无人机推到地秤上。一般由 1 名同学牵引前轮,施力点建议放在起落架上。2 名同学在左侧,2 名同学在右侧,施力点建议放在主机翼或起落架上
7	记录数据	记录地秤上显示的测量数值
8	测量机轮间距	参照知识点 2,使用卷尺测量 L_1、L_2、L_3、L_4。将卷尺的两端均放在机轮的最上方。测量完成后记录数值
9	推动无人机下地秤	称重和距离测量完成后,2 人推左起落架,2 人推右起落架,1 人控制前轮,将无人机从地秤上推下
10	重复测量	重复前面所有步骤至少 2 次,并记录所有结果
11	整理	关闭设备,整理现场

任务分组

学生任务分配表详见表 5-2。

表 5-2 学生任务分配表（1）

班级		组号		组长	
本组成员：					
任务分工：					

任务记录

学生按照要求记录任务数据，见表 5-3。

表 5-3 任务数据记录表（1）

	第一次	第二次	第三次
前轮称重读数 G_N/kg			
左主轮称重读数 G_L/kg			
右主轮称重读数 G_K/kg			
前、左轮距 L_1/mm			
前、右轮距 L_2/mm			
主轮距 L_3/mm			
前轮距 L_4/mm			

任务分析

1. 各组派代表阐述任务分析结果。
2. 各组相互分析结果并进行评价。
3. 教师结合各组完成情况进行点评、分析和总结。

评价反馈

评价反馈表见表 5-4。

表 5-4 评价反馈表（1）

评价项目	自评	小组互评	教师评价
任务是否按计划时间完成			
相关理论完成情况			
任务完成情况			
任务创新情况			
语言表达能力及沟通协作能力			

工作任务二　固定翼无人机的稳定性

任务描述

如图 5-23 所示，A、B、C、D 点各放置一个小球，哪个位置的小球被手轻轻拨动后，能够回到原来的位置？显然，D 点的小球满足要求。我们称 D 点处的小球具有稳定性。

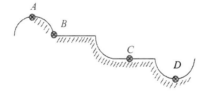

图 5-23　小球的稳定性

参考小球的例子，无人机的稳定性是指当原先处于平衡状态的无人机受到小扰动之后，无人机经过一个过渡过程后仍能够回到原来的平衡状态，我们称这架无人机是稳定的。分析固定翼无人机的稳定性时，3 个方向应分开分析，即无人机的纵向稳定性、横向稳定性和航向稳定性。

稳定性包括静稳定性和动稳定性。静稳定性是指系统偏离原来的平衡位置后，有立刻回到原来位置的趋势。动稳定性则是指系统偏离原来的平衡位置后，在无外界干扰下，有最终趋于回到原来位置的结果。显然，静稳定是描述初始趋势，动稳定是描述最终状态，静稳定是动稳定的前提，但静稳定的系统不一定动稳定。在静稳定的基础上，通过合适的阻尼力矩使得系统尽快回到原来的平衡位置，才是动稳定的。

我们看一个单摆的例子，如图 5-24 所示，一个小球被一根绳子吊在半空中。如果轻轻拨动小球，显然小球会左右摆动，这个运动就是我们熟悉的单摆。其中重力的分量提供了稳定力矩，使得小球具有回到原始位置的趋势。当我们处在地球环境中时，此时空气作为阻尼，形成了与稳定力矩方向相反的阻尼力矩，单摆在运动过程中不断与空气摩擦消耗能量，晃动幅度越来越小，最终回到原来的位置，此时小球是动稳定的。但如果这个系统在太空中，缺乏阻尼力矩，小球会一直来回摆动，短时间内无法回到原来的悬挂状态，此时小球是静稳定、动不稳定的。

在无人机系统中，对于民用常规固定翼无人机，我们当然希望其具有静态和动态的稳定性，这样可以降低飞手的操纵频率，引导飞手将注意力更多地放在飞行速度、高度等参数的控制上，减少姿态控制的精力损耗，这对飞行安全是大有裨益的。而对于军用固定翼无人机来说，飞手常常需要操纵无人机做大幅的姿态变化，此时具有稳定性的无人机就会与飞手"对抗"，使得无人机总是想回到原来的平衡位置，这反而加大了飞手的操纵难度。因此一部分军用固定翼无人机并不追求很强的稳定性，甚至有时刻意地将无人机设计成中立静稳定或静不稳定。所以对于无人机来说，稳定是一个中性词汇，并不是说越稳定越好。无人机是否需要稳定，如果需要稳定，稳定性应该多强，这都取决于无人机的用途。

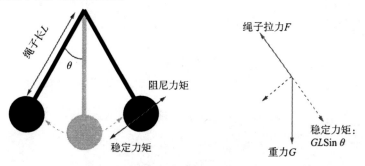

图 5-24　单摆中的稳定力矩和阻尼力矩

知识点❶　固定翼无人机纵向稳定性

首先来认识一下纵向动稳定、静稳定动不稳定、静稳定中性动稳定、中立不稳定、纵向静不稳定的无人机在空中遇到纵向扰动是如何运动的。横侧向同理，后面不再赘述。如图 5-25 所示，静不稳定的无人机在遇到纵向扰动导致抬头后，会继续自动抬头增大迎角，这会导致无人机快速逼近失速迎角，对飞行极不安全。中立不稳定的无人机飞行遇到扰动后，当扰动消失，无人机依旧保持受扰动时的迎角，不发生变化。静稳定动不稳定的无人机，遇到扰动抬头后，虽然有立即低头的趋势，但会往复做低头抬头动作，且幅度越来越大，趋于发散，这对飞行安全也是不利的。静稳定中性动稳定的无人机则会始终保持一定幅度持续晃动。动稳定的无人机晃动幅度会逐渐减小，最终趋于原先的平衡位置。

在工作任务一中，我们了解了无人机的纵向气动力矩，机翼、机身和水平尾翼都对纵向气动力矩有贡献。参考式（5-13），此处不再赘述。

假设无人机在 0 时刻保持平衡,在 1 时刻突然受到一个纵向小扰动(例如突风),使得迎角增大,此时无人机的速度尚未发生变化,升力随迎角增大而增大。如果希望无人机是稳定的,则此时无人机应该自动形成一个低头力矩,即纵向力矩的改变量 ΔM 是负值。

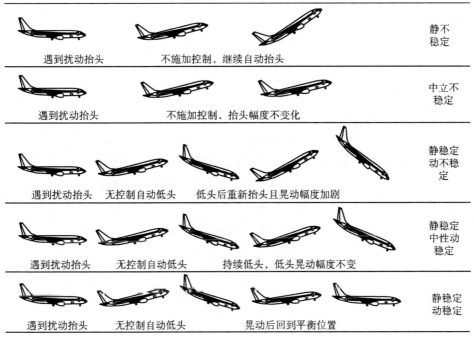

图 5-25　无人机的纵向静稳定与动稳定运动形式

$$\Delta M = M_1 - M_0 = \Delta L \times (x_{c.g} - x_{ac}) < 0 \tag{5-18}$$

显然,因为升力增加,所以 $\Delta L > 0$,若要无人机具备纵向静稳定性($\Delta M < 0$),应使 $x_{c.g} - x_{ac} < 0$,即重心位置在焦点位置之前时无人机具备纵向静稳定。无人机会因为这个低头力矩逐渐低头,减小迎角,并产生回到原来平衡状态的趋势。这个过程的简单示意图如图 5-26 所示。

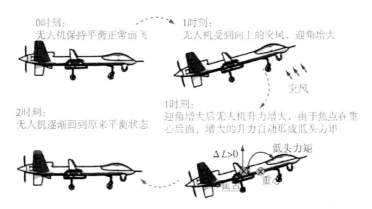

图 5-26　具备纵向静稳定性的固定翼无人机

飞行器是否具备纵向静稳定性，仅取决于飞行器全机焦点和重心之间的相对位置关系。若全机焦点位置位于重心之后，无人机具有纵向静稳定性。若全机焦点位置位于重心之前，无人机不具有纵向静稳定性，或称无人机纵向静不稳定。全机焦点位置与重心位置恰好重合，飞行器是纵向中立静稳定的。

另外，全机焦点与重心之间的距离也很重要，这个距离越大，无人机的静稳定性越强。我们称该距离为无人机的静稳定裕度。

工作任务一中提及了一点，翼身组合体（即没有平尾的无人机）焦点在重心之前，加了水平尾翼之后，无人机的焦点移动到了重心后方。因此可以说，保证固定翼无人机具有纵向静稳定性是水平尾翼的功能之一。

由于无人机在一定迎角范围内焦点位置基本不移动，而重心是可以调节的，因此可以通过调节重心来直观地看到无人机的纵向静稳定和静不稳定现象。在本项目的任务实施中，我们通过纸无人机的飞行试验，论证重心对无人机纵向静稳定性的影响。

无人机的纵向阻尼力矩，由俯仰角速度引起，其方向始终与角速度方向相反，起阻碍无人机转动的作用。全机的纵向阻尼力矩主要由平尾产生，机翼、机身的贡献只占全机纵向阻尼力矩的10%~20%，分析时着重考虑平尾即可。

知识点❷　固定翼无人机横向稳定性

类似于无人机纵向稳定性的概念，假设无人机在0时刻保持平衡，在1时刻突然受到一个横向小扰动（例如突风），使得无人机出现左滚转，滚转角为φ。

在0时刻时，升力=重力，机翼滚转后升力方向偏转导致升力和重力的合力出现了沿着机翼向左的分量，如图5-27虚线箭头所示，继而无人机出现了左侧滑，侧滑角为β。若该侧滑使得无人机自然产生了一个右滚转力矩，机翼有回到原来水平位置的倾向，则称无人机具备横向静稳定性。相反，若无人机自然产生了一个左滚

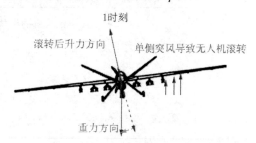

图5-27　横向静稳定性

转力矩，滚转进一步加剧，则无人机不具备横向静稳定性，或称无人机横向静不稳定。

需要注意的是，无人机遇到突风滚转后，并不会"直接"产生滚转力矩。而是因为滚转导致了升力方向的改变，继而产生侧滑，侧滑才会因后掠角、上单翼等产生滚转力矩。这是有别于前面讨论纵向稳定性和下面讨论方向稳定性的，也是我们在讨论横向和侧向力矩时经常一起讨论的原因之一，即横向和侧向是互相耦合的。

横向静稳定的无人机在正滚转时会产生负滚转力矩，使得无人机有回到原来平衡位置的趋势。工作任务一中的知识点3学习了在固定翼无人机遇到正侧滑干扰时，机翼的后掠角、上反角、上单翼布局以及垂直尾翼均会产生负滚转力矩，这些都是增加无人机横向静稳定性的因素。无人机在实际飞行过程中，常通过滚转动作实现转向，

因此其横向静稳定性过大并不一定是好事，这会导致在飞手主动滚转时，无人机会自发地与飞手"对抗"。因此大部分无人机在设计中，常采用"上反角＋下单翼"或"下反角＋上单翼"的形式，来适当削弱无人机的横向静稳定性。

无人机的横向阻尼力矩主要由机翼产生，一般超过横向总阻尼力矩的90%。机身、尾翼也提供一部分的滚转阻尼力矩，但占比较小。

知识点❸ 固定翼无人机航向稳定性

类似于无人机纵向稳定性的概念，假设无人机在0时刻保持平衡，在1时刻突然受到一个航向小扰动（例如突风），使得无人机出现右侧滑（正侧滑），侧滑角为β。此时无人机若自然产生了一个右偏航力矩，在飞手不操纵驾驶杆时，该力矩使得侧滑角逐渐减小，即无人机具有减小侧滑角的趋势，那么我们称无人机是具备航向静稳定性的。相反，无人机若产生了左偏航力矩，则它是不具备航向静稳定性的，或称无人机航向静不稳定。

航向静稳定的无人机在正侧滑时会产生正偏航力矩，使得无人机有回到原来平衡位置的趋势。在工作任务一的知识点3中，我们学习了在固定翼无人机遇到正侧滑干扰时，机身会产生负的偏航力矩，垂直尾翼会产生正的偏航力矩。因此可以说机身起到了削弱无人机静稳定性的作用，垂直尾翼起到了增加无人机静稳定性的作用。其中，垂直尾翼起到了主导作用。

需要注意的是，"航向稳定性"这个词语，对初学者来说可能会产生一个误区，它会让人觉得无人机有保持自己航向不变的趋势，这其实是错误的。我们知道，当无人机产生侧滑后，如果这个侧风一直存在，那么依据航向静稳定性，无人机的机头会逐渐偏向风的方向，如图5-28所示。实际上无人机在追着风的方向飞时，偏离了原来机头指向的航向，因此航向稳定性还有一个称呼——"风标稳定性"。

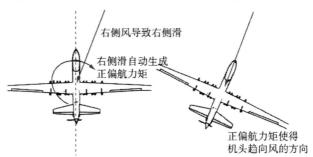

图5-28 无人机的风标稳定性

方向阻尼力矩主要由垂尾提供。机身和机翼同样也提供阻尼力矩，但垂尾的力臂明显更长，所以垂尾提供的阻尼力矩占比较大，一般超过总阻尼力矩的90%。

知识点❹ 固定翼无人机的不稳定现象

固定翼无人机的不稳定现象包含纵向不稳定现象和横航向不稳定现象。纵向不稳定的一个典型运动模态是"浮沉"模态，无人机在飞行过程中保持迎角不变，同时做上下起起伏伏的运动，该模态称为长周期模态。导致这个模态产生的原因是当无人机受到纵向扰动后，一般力矩平衡能较快地恢复，但是受力的平衡则需要较长的时间，升力时而小于重力，时而大于重力，所以无人机一直有垂线方向的加速度，在航线上起起伏伏。这种不稳定一般幅度较小，即使发散也比较缓和，驾驶员操控是比较容易的。

常见的无人机的横航向不稳定运动有两种模态，分别是荷兰滚和螺旋不稳定。荷兰滚在空中表现为无人机走 S 形航线，一会儿向左滚转，一会儿向右滚转，如图 5-29 所示。这个动作类似于人滑冰的姿势，因此热爱滑冰的荷兰人给无人机的这个动作命名为"荷兰滚"。荷兰滚产生的原因是无人机的横侧稳定性大于无人机的方向稳定性。当无人机受到小扰动产生左滚转后，自动产生左侧滑。由于横侧稳定性强，所以无人机立刻向右滚转，使得机翼趋于水平；但是方向稳定性弱，所以左侧滑纠正较慢。由于侧滑未被完全纠正，右滚转力矩还在，机身又开始向右滚转，机头带右侧滑，循环往复，消除航向侧滑的速度一直没有消除滚转的速度快，使得无人机来回晃动。若该模态趋于发散，即往复左右晃动愈加厉害，机翼的载荷环境会变得恶劣，甚至会影响到无人机的结构安全。

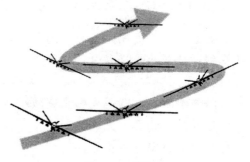

图 5-29　荷兰滚

相应地，当无人机的横侧稳定性过弱而方向稳定性过强时，无人机遭受扰动后容易陷入螺旋不稳定运动。螺旋不稳定运动一般周期较长，发展比较缓慢，飞行轨迹则像是一条螺旋线，高度也会缓慢降低，如图 5-30 所示。无人机始终带坡度，几乎无侧滑，缓慢地偏出原航迹并飞出类似螺旋线的航迹。由于螺旋不稳定发展缓慢，易于被飞手发现和控制。

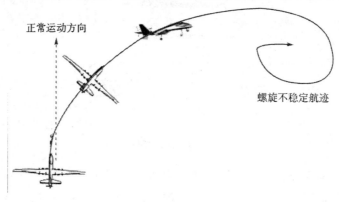

图 5-30　螺旋不稳定

知识点❺ 影响固定翼无人机稳定性的因素

影响固定翼无人机稳定性的因素有很多。在无人机设计阶段，我们考虑的影响无人机稳定性的主要因素有全机重心位置、机翼位置、机翼上反角、机翼后掠角、尾翼位置、平尾面积、垂尾面积等。

全机重心位置、机翼位置、尾翼位置、平尾面积主要影响纵向稳定性。常需要调整上述参数来使得无人机具有良好的纵向特性。例如，当机身和机翼设计好后，尾翼位置基本确定，此时若发现无人机纵向稳定性不足，则要调整水平尾翼的面积。

重心前移，机身的纵向稳定性增强，方向稳定性也会有所增加，但并不明显。重心对横侧向的稳定性没有直接贡献。

机翼的后掠角和上反角是影响横向稳定性的主要参数。后掠角一般受其他设计条件（如最大速度 V_{max}）的限制，因此上反角是调整横向稳定性的关键。当发现无人机容易陷入荷兰滚模态时，就应当适当减小上反角，甚至采用下反角。

垂尾是影响航向稳定性的关键因素。当尾翼的位置确定之后，改变垂尾面积是调节航向稳定性的方法之一。由于荷兰滚模态相对危险，螺旋不稳定模态飞行员相对易于控制，因此设计时会倾向于轻度的螺旋不稳定。

除此之外，发动机、飞行速度和飞行高度也会影响无人机的稳定性。例如，低速飞行时，无人机迎角大，升力系数也大。而后掠角、上反角对横向稳定性的影响与升力系数直接相关。因此低速时横向稳定性会变强，无人机容易进入荷兰滚模态。固定翼无人机常使用螺旋桨发动机，螺旋桨自身因为高速旋转，会给到机身和旋转方向相反的滚转力矩，这在发动机高速转动的工作状态下比较明显。同时螺旋桨拖出的滑流也具有方向性，使得螺旋桨后方的气流紊乱，吹到气动部件上也会改变其局部流动。这些因素往往要通过试验确定其影响大小。

任务实施

重心对纵向稳定性影响的纸飞机试验

本任务需要学生自己折叠纸飞机，并使用曲别针改变其重心位置。当抛出纸飞机后，纸飞机只能依赖自身稳定性向前飞行。因此我们可以观察不同重心位置的纸飞机的飞行轨迹，来认识重心对纵向稳定性的影响。

任务目标

1. 掌握调整重心改变固定翼无人机纵向稳定性的原理。
2. 认识纵向静稳定无人机在不施加控制下的飞行姿态。
3. 认识纵向静不稳定无人机在不施加控制下的飞行姿态。

实训任务书

实训任务书见表5-5。

表5-5 实训任务书（2）

序号	任务名称	任务描述
1	试验材料准备	若干张硬度较高的A4纸，2个质量相同的曲别针
2	模仿视频折叠纸飞机	按照视频中的步骤完成纸飞机的折叠。若步骤出错导致错误的折痕，可换一张纸折叠
3	水平抛出纸飞机	尝试水平抛出纸飞机若干次，观察纸飞机的飞行轨迹
4	添加曲别针	在左右机翼靠近中间机身的位置各别上一枚曲别针
5	水平抛出纸飞机	尝试水平抛出纸飞机若干次，观察纸飞机的飞行轨迹
6	移动曲别针	将曲别针移动到机头靠近中间机身的位置
7	水平抛出纸飞机	尝试水平抛出纸飞机若干次，观察纸飞机的飞行轨迹
8	记录	定性描述上述3次不同飞行的飞行轨迹

 **任务记录**

学生按照要求记录任务数据，见表5-6。

表5-6 任务数据记录表（2）

	无曲别针	后方加曲别针	前端加曲别针
飞行轨迹（定性描述）			

 **任务分析**

1. 若干名同学抢答阐述任务分析结果。
2. 同学之间互相评价任务分析结果。
3. 教师结合学生完成情况进行点评、分析和总结。

评价反馈

评价反馈表见5-7。

表 5-7 评价反馈表（2）

评价项目	自评	教师评价
任务是否按计划时间完成		
相关理论完成情况		
任务完成情况		
任务创新情况		
语言表达能力及沟通协作能力		

工作任务三　固定翼无人机的操纵性

任务描述

固定翼无人机具备稳定性后，一些微小扰动无人机会自动克服，不需要飞手过多关注。但稳定性也是相对的、有限度的，如果干扰过大，无人机依靠自身稳定性回到平衡状态的时间可能就会更长，甚至无法回到平衡状态。这时就依赖飞手对无人机的操纵来实现其稳定飞行。

无人机上有多个舵面是可操纵的，一般固定翼无人机的主舵面是副翼、方向舵和升降舵，如图 5-31 所示。有一部分固定翼无人机会将方向舵和升降舵合并为 V 形尾翼，例如彩虹、翼龙等军用中大型无人机，如图 5-32 所示。除此之外，几乎所有固定翼无人机都有上述的主舵面。除了主舵面外，部分无人机还有襟翼、缝翼及减速板等辅助舵面，这些舵面都不是必须存在的，它们往往能够提升无人机的起降性能，只有滑跑距离偏长的中大型固定翼无人机才会考虑设计这些舵面。

（a）彩虹无人机

图 5-31　固定翼无人机主舵面

（b）翼龙无人机

图 5-32　彩虹无人机和翼龙无人机

无人机应当具备适当的操纵性。操纵性是指飞手通过操纵主舵面主动改变无人机飞行状态的特性。对于无人机来说，如果飞手打杆动作简单，无人机的响应也很迅速，则认为无人机的操纵性好；反之，操纵性差。有人机则还需要考虑飞行员操纵是否省力的问题，例如当某型号客机驾驶员手动操控配平轮时，完全依靠自己的肌肉力量来调整舵面角度，这是非常吃力的，也有人戏称该动作如同"空中健身"。

知识点❶ 固定翼无人机纵向操纵性

无人机的纵向操纵性是指飞手打杆操纵升降舵偏转后，无人机改变其俯仰角的特性。舵面偏转会改变舵面上的气动力。一般可以用翼型弯度或有效迎角 α_e 的改变来解释这一现象，如图 5-33 所示。翼型后缘下偏，升力增大，阻力也增大，翼型后缘上偏，升力减小，阻力也减小。

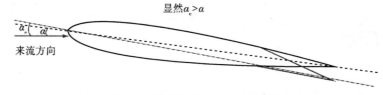

图 5-33 后缘偏转对气动力的影响

升降舵是水平尾翼上的可偏转部分，一般低速无人机的升降舵面积占水平尾翼面积的 20% 左右。超音速无人机由于舵面效率较低，为增强控制效果，整个水平尾翼可以偏转，这种尾翼称为全动平尾。假设操纵升降舵下偏，此时升降舵偏角 $\delta_e>0$（我们规定升降舵下偏的偏角为正），升降舵上的升力增量 ΔL 向上，使得全机形成低头的俯仰力矩，如图 5-34 所示，无人机会减小俯仰角；反之，操纵升降舵上偏，无人机会增大俯仰角。

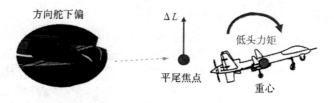

图 5-34 俯仰操纵

中小型固定翼无人机一般可以通过遥控器来操纵舵面。根据习惯，前推遥控器上的摇杆，升降舵向下偏转，无人机低头，后拉遥控器上的摇杆，升降舵向上偏转，无人机抬头，这与有人机的驾驶杆操纵逻辑是一致的。遥控器的操纵习惯还有"美国手"和"日本手"的区别。美国手的升降舵在右摇杆上，日本手的升降舵在左摇杆上。

如果保持无人机的油门不变，向后拉升降舵的摇杆，此时无人机会抬头。抬头之后迎角增加，升力和阻力均增加，同时重力与升力方向不再共线，重力可以分解为升力方向和阻力方向的两个分量。油门不变，则阻力+重力分量>推力，无人机自动减速。减速后阻力随即减小，直至阻力+重力分量=推力，无人机就以较小的速度稳定爬升。需要注意的是，如果持续带升降舵摇杆，无人机会一直减速，上升速率也会逐步降低，直至为 0。如果此时仍继续打杆，无人机则将趋于失速，这是非常危险的。无人机在实际爬升过程中，一般在后拉升降舵摇杆的同时增大油门，使得真空速较平飞时基本保持不变。

在无人机爬升或下滑阶段，升降舵一般持续偏转至某一设定角度。而副翼和方向舵一般仅在调整航向或对抗侧风时短时间偏转，待无人机完成动作后即可回到零位。从这一点讲，中大型无人机的升降舵可能是飞行中保持偏转时间最长的舵面。

知识点❷ 固定翼无人机横向操纵性

副翼位于机翼上靠外侧，机翼后缘的可动舵面。注意不要将它与襟翼混淆在一起，襟翼和副翼一般均在机翼的后缘，不同的是襟翼一般在机翼内侧，且左右侧襟翼偏转方向一致，襟翼一般也不能向上偏转。图 5-35 所示为俯视视角下典型的襟翼位置和副翼位置。

图 5-35 副翼位置和襟翼位置

机翼上的副翼偏转对横侧向力矩影响较大。副翼在使用过程中一般非对称偏转，一边上偏，一边下偏，如图 5-36 所示。两侧机翼上的气动力随副翼偏转发生变化，副翼下偏，侧机翼上的升力增加，阻力也增加；副翼上偏，侧机翼上的升力减小，阻力也减小。相应地，两侧机翼的升力差距导致产生滚转力矩，两侧机翼的阻力差距导致产生偏航力矩，为了加强力臂控制效果，副翼必须放在机翼外侧。副翼是飞手改变无人机滚转力矩的主要舵面，当无人机需要转弯或者遭遇突风自发滚转需要被纠正时，飞手就会通过副翼来实现其滚转平衡。

图 5-36 副翼的非对称偏转

从图 5-37 可以看到，无人机向左产生滚转力矩的同时，还会产生向右的偏航力矩，这显然是我们不想看到的，这种现象常称为不利偏航。为此副翼偏转时需要通过左右侧不同程度偏转扰流板抵消左右侧阻力差值，或者将副翼与方向舵联动，通过方向舵偏转产生偏航力矩来克服副翼自然产生的偏航力矩。

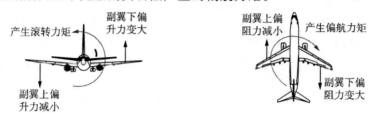

图 5-37　副翼不对称偏转引起的横侧向力矩

中小型固定翼无人机一般可以通过遥控器来操纵舵面，副翼的操纵不区分美国手和日本手，均是右侧摇杆控制。根据习惯，向左推遥控器上的摇杆，无人机左侧副翼上偏，右侧副翼下偏，左侧升力小于右侧升力，无人机向左滚转。无人机副翼的操纵逻辑也与有人机的控制杆操作逻辑是一致的。

需要注意的是，副翼的杆量并不决定滚转角的大小，而是影响无人机滚转的速度。飞手副翼杆量打得越大，无人机的副翼舵面偏转得就越多，无人机的滚转就越快。当飞手将副翼杆量回中后，副翼的滚转力矩消失，阻尼力矩开始作用，使得无人机逐渐回到无坡度状态。

知识点❸　固定翼无人机航向操纵性

方向舵在垂直尾翼上，位于尾翼后缘的可动舵面，其改变偏航力矩的形式与升降舵改变俯仰力矩的形式较为类似。一般低速无人机的方向舵面积占到垂直尾翼的 20% 左右。整个垂直尾翼可以偏转的尾翼称为全动垂尾。假设操纵方向舵左偏，此时方向舵偏角 $\delta_r > 0$（我们规定方向舵向左偏的偏角为正），方向舵上的升力增量 ΔL 向右，使得全机形成左偏的偏航力矩，无人机会向左偏航；反之，操纵方向舵右偏，无人机会向右偏航。

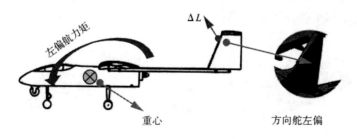

图 5-38　偏航力矩

参考工作任务二的知识点 2，无人机的后掠角、上反角、上单翼等因素会使得无人机在正侧滑下自然产生负滚转力矩。即控制方向舵使得无人机向左偏航时，无人机还会自发地向左滚转。这个滚转力矩同样可以使得无人机产生坡度，进而向左转弯。但是与直接偏转副翼使得无人机转弯比较而言，偏转方向舵产生滚转力矩响应较慢，因此实际转弯时无人机往往以偏转副翼为主。

中小型固定翼无人机一般可以通过遥控器来操纵舵面，方向舵的操纵不区分美国手和日本手，均是左侧摇杆控制。根据习惯，向左推遥控器上的摇杆，无人机方向舵向左偏转，无人机向左偏航。若向右推遥控器上的摇杆，无人机方向舵向右偏转，无人机向右偏航。有人机一般用脚蹬控制方向舵，而不是由操纵杆控制。

知识点❹　影响固定翼无人机操纵性的因素

影响固定翼无人机操纵性的因素有很多，常见的有全机重心位置、副翼位置与面积、升降舵位置与面积、方向舵位置与面积、发动机与螺旋桨、飞行速度及飞行高度。

全机重心位置、升降舵位置与面积主要影响纵向的操纵性。重心前移，无人机因自身稳定性产生低头稳定力矩，飞手就需要打杆克服这个低头力矩。通常需要调整上述参数使得无人机具有良好的纵向特性。例如，超音速无人机就可能使用全动平尾以尽量增大升降舵的面积。副翼位置与面积对横向操纵性的影响、升降舵位置与面积对航向操纵性的影响同理。

固定翼无人机常使用螺旋桨发动机，如果将螺旋桨置于机头位置，螺旋桨拖出的滑流使得螺旋桨后方的气流紊乱，部分无人机的升降舵浸润在螺旋桨的滑流中，可能造成左右舵面气动力不一致的情况发生。

飞行速度和飞行高度也会影响无人机的操纵性。例如低速飞行时，无人机迎角大，升力系数也大，此时可能导致"副翼反效"。副翼反效是指副翼偏转的方向正确，但是无人机实际滚转的方向却相反。因为副翼偏转等效于作用在上面的有效迎角改变。在无人机迎角已经较大的情况下，副翼继续下偏可能导致下偏侧副翼失速，进而升力急剧减小，导致下偏侧升力减小量大于上偏侧升力减小量，无人机逆向滚转。

任务实施

探究 V 型尾翼

V 型尾翼布局在有人机中较为少见，但在无人机上的应用越来越多。本任务分组实施，团队成员合作，自行上网搜索彩虹四、翼龙一等中大型固定翼无人机，观察其 V 型尾翼构造，并利用所学知识从 V 型尾翼的结构形式、操作实现方式、相较于普通尾翼的优缺点等方面进行拓展探究，最终形成 PPT 向全班同学汇报。

任务目标

1. 认识 V 型尾翼的结构形式。

2. 认识 V 型尾翼控制无人机的实现方式。
3. 了解 V 型尾翼的优缺点。

实训任务书

实训任务书见表 5-8。

表 5-8　实训任务书（3）

序号	任务名称	任务描述
1	确定型号	自行上网搜索
2	结构形式	
3	操作实现	无人机俯仰：V 型尾翼上的舵面如何偏转？ 无人机偏航：V 型尾翼上的舵面如何偏转？
4	优缺点	对全机升阻力的影响？ 对全机控制的影响？ 其他影响？

任务分组

学生任务分配表见表 5-9。

表 5-9　学生任务分配表（2）

班级		组号		组长	
本组成员：					
任务分工：					

任务分析

1. 分组提交 PPT 并汇报任务实施结果。
2. 各组互相评价任务实施结果。
3. 教师结合各组完成情况进行点评、分析和总结。

学习情景五　无人机的平衡、稳定性和操纵性

 评价反馈

评价反馈表见表5-10。

表5-10　评价反馈表（3）

评价项目	自评	小组互评	教师评价
任务是否按计划时间完成			
相关理论完成情况			
任务完成情况			
任务创新情况			
语言表达能力及沟通协作能力			

学习情景六
无人机飞行性能

学习情景

当客户准备采购一架无人机时，肯定需要评估其是否能够完成客户关心的任务。不同的客户任务不同，他们所关心的指标项也会不同，如航拍用户可能更关心无人机能飞多久；航空测绘用户更关心无人机的飞行里程；军事用途的无人机在考虑其航时航程的同时，往往还要考虑飞行高度和飞行速度等指标，一定的飞行高度能够避免地面武器击落无人机，飞行速度则在快速抵达和逃逸时较为关注。总体来说，在评价一架无人机任务能力时，常会提出以下问题（包括但不限于）：

这架无人机能够飞多远（航程性能）？
这架无人机能够飞多高（升限性能）？
这架无人机能够飞多快（最大速度性能）？
这架无人机需要多长的跑道（起降性能）？
这架无人机能够滞空多久（航时性能）？
这架无人机掉头需要转多大的弯（转弯性能）？
这架无人机爬升到某一目标高度需要多久（爬升性能）？
这架无人机机动能力如何（机动性能）？
这架无人机飞一次需要加多少油/电（经济性）？
这架无人机携带不同的载荷对上述指标的影响有多大？
……

上述问题其实都可以统筹到无人机飞行性能这一范畴。无人机的飞行性能分析是无人机行业的一个重要研究领域，是一个较为抽象的概念，其相关理论贯穿了机身结构设计、生产制造、飞行员训练及无人机日常维护等各个阶段。如果是无人机设计师，那么在设计过程中就要依据假想的环境设计无人机，并预测其飞行性能。当客户使用一架已经制造好的无人机时,也需要计算无人机的飞行性能。这是因为无人机飞行性能的各项指标并不是简单的一个数值,如"某架无人机的航时是 30 min"这种说法是不严谨的。实际上,无人机每次飞行所携带的燃料、机舱外挂载的载荷、机舱内增减的质量、预设的飞行高度甚至空气的温度变化都会影响该架次无人机的实际飞行性能。因此无人机的飞行性能数据往往以表格或曲线图的形式呈现给用户,用户需要使用这些表格和曲线来评估每一架次的任务完成能力。例如,图 6-1 所示为某无人机在半油重状态、标准大气环境下的飞行包线示意图,其中纵坐标为飞行高度,横坐标为飞行速度。蓝线表示不同高度下无人机的最小速度,红线则表示不同高度下无人机的最大速度。显然,无人机的最大/最小飞行速度会受到飞行高度的影响,而不是某个单一的值。

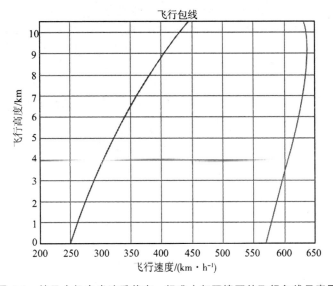

图 6-1　某无人机在半油重状态、标准大气环境下的飞行包线示意图

一般来说,无人机设计生产厂家会提供专门的产品性能手册给用户,用户通过查表来评估无人机的飞行性能。有些配套较好的产品会提供专门的飞行性能计算软件,用户仅需要输入相应的参数,即可获得预期的飞行性能计算结果。

工作任务一　固定翼无人机的飞行性能

任务描述

我们知道,物体在空间中具有 6 个自由度,它们分别是沿着 X、Y、Z 3 个方向上的移动自由度和绕着这 3 个坐标轴的旋转自由度。在经典力学(通俗的经典力学范畴是指宏观低速的运动,这里的宏观指研究对象不是微观粒子,低速指运动速度远低于光速,本书所讨论的无人机的受力情况显然属于经典力学范畴)中,我们常用牛顿运动定律来分析物体的运动规律,下面来回顾一下牛顿第一、第二运动定律。

牛顿第一定律:物体运动状态的改变需要力/力矩,静止的物体保持静止,运动的物体则保持其原有的角速度/速度运动,除非受到了施加于物体上的不等于零的合力/合力矩的强迫。具象到无人机的飞行性能分析中,无人机在保持匀速直线运动(巡航飞行)、匀速爬升运动、匀速下滑运动这几种典型状态时,其各个方向的受力互相抵消。

牛顿第二定律:物体的加速度和作用在物体上的合力成正比,与物体的质量成反比,加速度方向与合力方向一致。严格意义上来说,该定律可以写成

$$\sum F = \frac{\mathrm{d}}{\mathrm{d}t}(mV) \tag{6-1}$$

式中,m 为物体质量;V 为物体速度;F 为物体所受的力。

无人机在飞行过程中,由于不断地消耗燃油,因此其质量是随时间变化的,且变化量不可忽略(一般燃油质量在最大起飞质量中的占比超过20%)。但是为了工程上的简便,本任务中近似认为无人机的飞行质量=起飞质量-50%的燃油质量,即在无人机飞行全程中取无人机质量的平均值,该质量又称为"半油重"。因此无人机质量在飞行性能计算中被简化为一个与时间无关的量,即式(6-1)可简化为

$$\sum F = m\frac{\mathrm{d}}{\mathrm{d}t}(V) = ma \tag{6-2}$$

式中,a 为无人机的加速度。

既然无人机的飞行遵循牛顿运动定律,那么在飞行性能的评估中主要关注的就是无人机的受力情况了。参考图6-2,无人机在飞行中主要受到的力包括以下5个:

(1) 气动升力 $L = \frac{1}{2}\rho V^2 C_L S$。

(2) 气动阻力 $D = \frac{1}{2}\rho V^2 C_D S$。

(3) 发动机推力 T。

(4) 无人机重力 G。

(5) 若要分析无人机在地面滑跑的性能,则还需要加上其轮胎摩擦力 F_f。

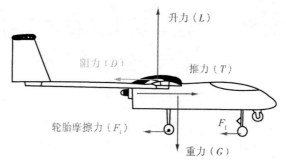

图6-2 无人机受力示意图

现在我们已经把问题简化了,无人机被看成了一个质点,其上受到了 5 种力。那么只要把这些力都算出来,就能知道无人机平稳飞行时的飞行状态。经过梳理发现,一般至少需要 4 类输入参数就能够计算这些力,它们分别是:

(1) 大气环境参数,如大气密度 ρ 直接影响了无人机的升力 L 和阻力 D。

(2) 无人机总体参数,如无人机质量 m 直接影响了无人机的重力 G,轮胎的摩擦系数直接影响了轮胎摩擦力 F_f。

(3) 无人机空气动力学分析结果,如升力系数 C_L 直接影响了无人机升力 L,阻力系数 C_D 直接影响了无人机阻力 D。

(4) 无人机发动机推力-油耗/能耗数据,主要影响推力 T 及航时计算。

我们需要先整理这些输入数据,确保其符合计算要求。

第一部分大气环境参数,包括大气温度、大气密度、大气压力及声速等,可以参照学习情境一的内容掌握其计算方法。

第二部分无人机总体参数,常包括无人机的机翼面积、空机质量、最大起飞质量、外挂情况、舱内装载质量、轮胎摩擦系数及油箱容积等。这部分参数在无人机设计阶段往往预先给定一个大致的值,并在全流程设计阶段反复修改,迭代飞行性能。

第三部分无人机空气动力学分析结果,包括升阻力系数、力矩系数及极曲线等,可参照学习情境二的内容,初步的分析结果可以通过 AAA、XFoil 等软件获得,详细的空气动力学计算结果需要通过有限元分析或风洞试验获得。

第四部分发动机参数,往往由发动机的生产厂商提供,包括不同油门下的功率、推力、油耗、转速、发电能力等。

现在已经明确了无人机飞行性能的计算输入元素。在本工作任务中,我们将重点讨论固定翼无人机飞行性能的计算方法与评估的实操过程。如前文所述,无人机飞行性能涉及的指标非常多,常规飞行操作一般至少包含起飞、爬升、平飞(巡航)、下滑、降落 5 个阶段。本工作任务中主要针对上述 5 个阶段的飞行性能评估方法进行介绍,其他阶段的飞行性能评估方法(如转弯、俯冲等)可参照专门的无人机飞行性能计算书籍自行学习,其推导逻辑与本书类似,计算过程会更加复杂。

任务学习

知识点 ❶ 平飞性能

1. 平飞阶段的受力分析

据统计,无人机器使用寿命的 90% 都处于平飞阶段,因此平飞阶段的性能对于飞行器至关重要。我们一般将速度和高度几乎保持不变的飞行称为巡航飞行,或称水平直线飞行。下面首先需要分析无人机巡航状态的受力情况,然后构建模型。

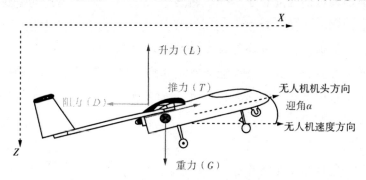

图 6-3 平飞状态受力分析示意图

由于平飞状态无人机的高度不变,因此我们认为无人机前进方向(飞行速度方向)和水平面 X 轴平行,重力方向垂直于水平面方向和 Z 轴平行,无人机所受的总气动力分解为升力、阻力和侧力,升力平行于 Z 轴,阻力平行于 X 轴,侧力平行于 Y 轴。由于大部分飞行器为对称形式,所以侧力一般只在侧滑时产生,平飞阶段侧力可以近似为 0。

根据牛顿第二定律,基于上述受力分析列方程

$$\begin{cases} \sum F_X = T\cos\alpha_T - D = ma_X \\ \sum F_Y = 0 \\ \sum F_Z = L + T\sin\alpha_T - G = 0 \end{cases} \quad (6-3)$$

式中,a_X 为无人机在 X 方向的加速度;α_T 为发动机的推力方向与飞行速度方向的夹角,一般安装发动机时会与机身轴线保持一个小的夹角,该夹角称为发动机安装角 i_e,因此式中 $\alpha_T = \alpha + i_e$。

本任务只分析稳态情况下的平飞模式,即 $a_X = 0$。固定翼无人机平飞时一般迎角 α 较小(2°~5°)。另外,发动机的安装角一般也较小,同时大型固定翼无人机的推力一般远小于无人机的升力和重力(最大推力约为升力的1/5),即 $\cos\alpha_T \approx 1$,$T \times \sin\alpha_T \ll L \approx G$(符号"≪"意为"远小于")。因此式(6-3)可简化为以下形式:

$$\begin{cases} T \approx D = \dfrac{1}{2}\rho V^2 C_D S \\ G \approx L = \dfrac{1}{2}\rho V^2 C_l S \end{cases} \quad (6-4)$$

式(6-4)揭示了稳态平飞状态下无人机的受力模型。我们可以依据无人机的重力 G 推导出其巡航速度范围,再基于速度获得无人机的阻力,然后算出无人机所需推力,并基于推力获得油耗数据,最终获得无人机的航时和航程结果。

2. 最小平飞速度与迎角的关系

无人机要停留在空气中，必须通过空气动力学部件提供足够的升力克服无人机的重力。公式 $L = \frac{1}{2}\rho V^2 C_l S$ 揭示了升力的影响因素，包含大气密度 ρ、速度 V、升力系数 C_l 及机翼面积 S。其中，大气密度 ρ 会随着高度变化而变化，不同高度的大气密度可以查表或通过学习情境一的内容获得；机翼面积 S 属于无人机的总体参数，在飞行性能计算阶段已经获得该值；升力系数 C_l 是一个与机翼形状和迎角相关的量，对于低速无人机来说，C_l 近似是一个仅与迎角相关的量，每次飞行中无人机可以调整迎角以获得不同的 C_l。一般来说，C_l 与迎角 α 的相关性符合图 6-4 所示。显然，随着迎角 α 的增大，C_l 会首先线性增加，然后增长幅度趋于缓慢，待其达到一个最大值 $C_{l\max}$ 后迅速下降。一般来说，无人机在飞行中会存在一个限制迎角，称为失速迎角，当达到失速迎角时，升力系数略小于 $C_{l\max}$。一旦无人机超过失速迎角，升力系数会迅速降低，陷入危险状态，可能导致无人机失事。

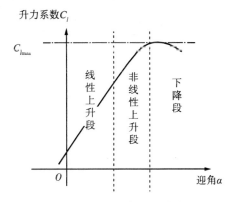

图 6-4 升力系数与迎角的关系

前文已经强调，计算飞行性能时，假定无人机的重量 G 在飞行过程中不变化，即在飞行过程中始终保持"半油重"。那么在 $L = \frac{1}{2}\rho V^2 C_l S$ 中，仅剩下速度 V 和升力系数 C_l 为可变量，这表明无人机在飞行时只要不超过失速迎角，就可以通过调整迎角来调整飞行速度 V。随着迎角的增大，飞行速度会逐渐降低。图 6-5 所示是同一架无人机在两种不同巡航条件下的飞行情况。当迎角为 6°时，无人机平飞速度为 60 m/s，当迎角为 3°时，它的平飞速度较大，为 110 m/s。在计算无人机平飞的最小平飞速度时，我们只需要将最大许用升力系数 $C_{l\max}$ 代入式（6-5），就可获得结果了。

$$V_{\min} = \sqrt{\frac{2G}{\rho S C_{l\max}}} \tag{6-5}$$

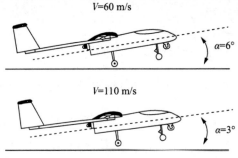

图 6-5 两种不同巡航飞行条件下无人机的组

3. 最大平飞速度与阻力的关系

既然最小平飞速度是由最大升力系数决定的,那么最大平飞速度是否就是由最小升力系数决定的呢?答案是否定的,因为升力系数可以是 0 或负数,那么按照上述理论对应的最大平飞速度就会趋近于无穷大或无解,这显然是不可能的。实际上,无人机的最大平飞速度取决于无人机的最大推力。最大平飞速度的求解流程如图 6-6 所示。由于螺旋桨式无人机和涡喷发动机无人机在推力获得的机制上存在差异,因此这里分开讨论。

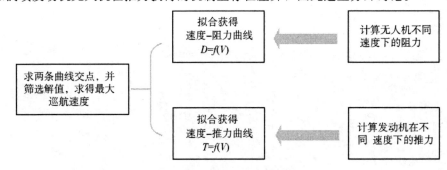

图 6-6 最大平飞速度的求解流程

4. 涡喷发动机无人机的最大推力

涡喷发动机的工作原理决定了其推力直接来源于气流高速向后喷射的反作用力,推力的产生比较直接。涡喷发动机的推力一般受到 3 个主要影响因素,它们分别是油门、飞行速度和飞行高度。

计算最大推力时,油门将维持在 100% 或者加力状态,此时油门为定值,不再影响最大飞行速度的计算,因此只有飞行速度会影响最大推力。如图 6-7 所示,当飞行速度从 0 开始提高时,发动机推力会先略微下降,然后增加,最后超过声速后又迅速下降。虽然我们很难直接写出推力和速度的方程式,但是可以认定必然存在一个函数可以描述最大推力和速度的关系,其形式为

$$T_{\max} = f_1(V) \tag{6-6}$$

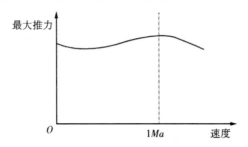

图 6-7 涡喷发动机推力与飞行速度的关系
(Ma 为马赫数，表示飞行速度挡地看速之比)

5. 螺旋桨式无人机的最大推力

实际上，目前只有少部分无人机采用了涡喷发动机，大部分无人机采用螺旋桨推进。对于螺旋桨式无人机来说，发动机工作不直接产生推力，而是先产生功率，再由螺旋桨转化为推力。如果将发动机和螺旋桨当作一个整体考虑，那么影响无人机推力的因素包含 4 个，分别是油门、转速、高度和速度。类似于推导涡喷发动机最大推力时的思路，我们一定保持油门和转速在最大状态，高度则假定为已知，此时影响最大推力的还是只有飞行速度，即

$$T_{\max} = f_2(V) \tag{6-7}$$

螺旋桨式无人机很少能超过音速，一般螺旋桨式无人机的最大拉力随着飞行速度的增大而降低。

6. 最大平飞速度的推导过程

依据式（6-4）可知，在平飞时推力约等于阻力，重力约等于升力。对于低速或亚声速无人机，升力系数和阻力系数的主要影响因素只有一个，那就是迎角，两者与迎角的大致关系如图 6-8 所示。

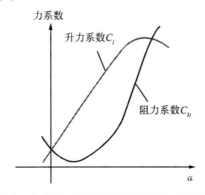

图 6-8 升力系数与阻力系数随迎角变化示意图

既然如此，我们可以将式（6-4）改写成另一个与迎角 α 和速度 V 相关的形式：

$$\begin{cases} D = \dfrac{1}{2}\rho V^2 C_D S \\ L = \dfrac{1}{2}\rho V^2 C_l S \end{cases} \rightarrow \begin{cases} D = f_3(\alpha, V) \\ L = f_4(\alpha, V) \end{cases} \tag{6-8}$$

在无人机飞行过程中，升力 L 等于重力等于半油重，这是一个恒定值。另外，升力系数 C_l 在不超过失速迎角时随着迎角 α 单调变化，因此基于式 $L = f_4(\alpha, V)$，对于任意一个速度 V，都存在一个迎角 α 与其对应，即

$$L = f_4(\alpha, V) \rightarrow \alpha = f_5(V) \tag{6-9}$$

那么式（6-9）的 $D = f(\alpha, V)$ 中的 α 可以用 V 表示，阻力变为仅与速度 V 相关，方程转变为如下形式：

$$D = f_3(f_5(V), V) = f_6(V) \tag{6-10}$$

基于式（6-6）、式（6-7）和式（6-10）发现，阻力和最大推力都是关于速度的函数，而且两者相等。该方程是可以尝试求解的。这里使用图解法来求解最大速度这一未知数。如图 6-9 所示，最大推力曲线表示最大推力随速度 V 的变化曲线，阻力曲线表示阻力随速度 V 的变化曲线，两者交点的横坐标即为所求的最大速度。我们在计算最大速度时，只需要按照图 6-9 的形式，先参照发动机参数画出最大推力-速度曲线，再在同一张图中参照空气动力学参数画出阻力-速度曲线，即可获得想要的最大速度 $V_{\max}$。需要注意的是，式（6-4）中的实际推力 T 和阻力 D 按照前文展开后是一个非线性四次方程，其形式为

$$\dfrac{1}{2}\rho V_{\max}^2 S C_{D0} + \dfrac{2 C_K W^2}{\rho S V_{\max}^2} - T_{\max} = 0 \tag{6-11}$$

式中，C_{D0} 为零升阻力系数；C_K 为诱导阻力修正系数。

该方程理论上最多存在 4 个解，需要直接求解方程获得结果时，一般最大解为我们期望获得的最大速度。

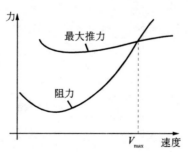

图 6-9 图解法求最大速度

我们以一个示例来求解螺旋桨无人机的最大平飞速度。

例 6-1　某型螺旋桨无人机质量为 1 200 kg，在 1 km 高度下，动力系统最大拉力随飞行速度变化的试验数据如表 6-1 中第 1、2 列所示，飞行阻力随飞行速度变化的试验数据如表 6-1 中第 1、3 列所示，求其最大平飞速度。

表 6-1　某型螺旋桨无人机试验数据

飞行速度/（m·s^{-1}）	发动机最大拉力/N	飞行阻力/N
30	1 600	780
40	1 350	700
50	1 150	790
60	1 000	980
70	920	1 150

解：根据表 6-1 中的试验数据，在一张图中绘制拉力-速度曲线和阻力-速度曲线，如图 6-10 所示。图中交点处即为最大拉力和阻力的平衡点，可以发现交点处的纵坐标约为 62，即该无人机在 1 km 高度下的最大平飞速度约为 62 m/s。

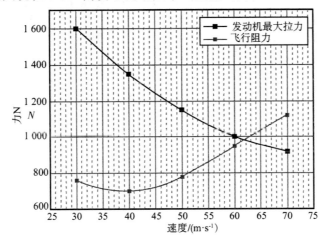

图 6-10　阻力-速度曲线和拉力-速度曲线

7. 平飞速度范围

前面我们学习了最大速度和最小速度的计算方法。假如依次计算出 0 km、1 km、2 km 直至升限的最大平飞速度和最小平飞速度，将这些值描绘在坐标系中并用曲线连接，就得到了定常平飞的速度-高度边界，我们常称其为飞行包线图，即图 6-1 的形式。飞行包线标志无人机的飞行边界，对于飞手来说有重要的意义。当然，图 6-1 中的飞行包线仅考虑了气动和推力的限制，在实际工作中往往还需要考虑无人机的结构耐受、载荷工作的限制等情况。

知识点❷　爬升性能

1. 爬升阶段的受力分析

无人机爬升是飞行中的常规动作，无人机往往需要爬升至较高的高度后再转变为巡航状态，一般中型活塞式固定翼无人机的典型巡航高度是 5 000～7 000 m。本书中讨论的无人机的爬升性能均为定常状态，主要包括最快爬升速度、升限、最快爬升时间等。

首先来看爬升阶段飞行器的典型受力情况，如图 6-11 所示。基于式（6-2），可将 3 个方向的受力分解简化为如下形式：

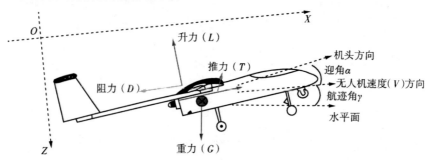

图 6-11　爬升阶段受力分析

$$\begin{cases} \sum F_X = T - D - G\sin\gamma = 0 \\ \sum F_Y = 0 \\ \sum F_Z = L - G\cos\gamma = 0 \end{cases} \quad (6\text{-}12)$$

注意：X 轴方向与无人机速度方向平行。

2. 爬升角 γ 与最大爬升角 γ_{max}

由式（6-12）可得，爬升角 γ 服从

$$\gamma = \arcsin\left(\frac{T-D}{G}\right) \quad (6\text{-}13)$$

式中，$\Delta T = T - D$ 称为剩余推力，显然剩余推力越大，无人机的爬升角度越大。因此当求最大爬升角时，一般将发动机的工作状态保持在最大可持续功率下。依据式（6-6）、式（6-9）和式（6-10），最大推力 T_{max} 和阻力 D 都是速度 V 的函数，那么剩余推力 ΔT 必然也是速度 V 的函数。存在一个最陡上升速度 $V_{\gamma max}$，使得 ΔT 取得最大值 ΔT_{max}，如图 6-12 所示。当无人机的飞行速度 V 处于 $V_{\gamma max}$ 时，无人机具有最大的爬升角度 γ_{max}。

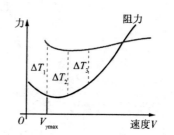

图 6-12　剩余推力与最大剩余推力

3. 上升速率 V_v 与最大上升速率 $V_{v max}$

上升速率是指无人机在单位时间内向上爬升的高度。上升速率 V_v 符合式

$$V_v = V\sin\gamma = V\left(\frac{T-D}{G}\right) \quad (6\text{-}14)$$

需要注意的是，爬升角度 γ 最大时，上升速率 V_v 不一定是最大的。V_v 显然也是一个关于速度 V 的函数。当无人机获得最大上升速率 $V_{v max}$ 时，其飞行速度称为快升

速度 V_{qc}。可以参考图 6-13 理解以上速度之间的关系。

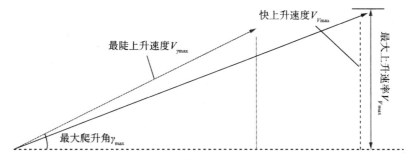

图 6-13 最陡上升速度、快升速度与最大上升速率之间的关系

工程上一般用图解法求解最大上升速率 $V_{V\max}$。可以参照图 6-14 的流程求解爬升性能，下面用一个例子来说明。

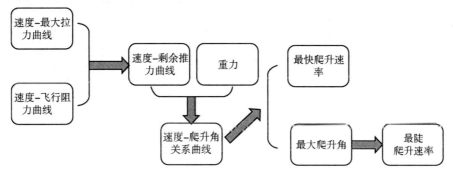

图 6-14 典型爬升性能求解思路

例 6-2 已知某机重力为 6 500 N，其在 6 km 高度下的推力曲线和阻力曲线如图 6-15 所示，求 6 km 高度下的最大上升速率和快升速度。

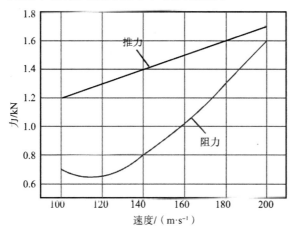

图 6-15 无人机在 6 km 高度下的推力和阻力曲线

依据图 6-15，我们可以参照式（6-13）、式（6-14）求解各个速度下的剩余推力、爬升角及上升速率等参数，计算结果如表 6-2 所示。

表 6-2 上升性能计算示例

速度 V /(m·s^{-1})	推力 T /kN	阻力 D /kN	剩余推力 ΔT /kN	sin γ	上升速率 V_v /(m·s^{-1})
100	1.2	0.70	0.50	0.077	7.70
120	1.3	0.65	0.65	0.100	12.00
140	1.4	0.80	0.60	0.092	12.88
160	1.5	1.02	0.48	0.074	11.84
180	1.6	1.30	0.30	0.046	8.28
200	1.7	1.60	0.10	0.015	3.00

将爬升角和上升速率分别画入图 6-16 中，并使用样条曲线将数据点连接。通过图 6-16 可以获得这架无人机在 6 km 高度下快升速度为 132 m/s 左右，最大上升速率为 13 m/s 左右，最陡上升速度为 124 m/s 左右。

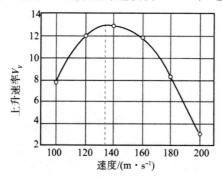
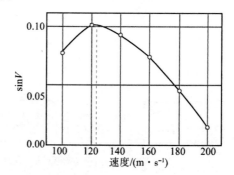

图 6-16 上升速率和爬升角和速度的关系

4. 升限

静升限是指无人机能够保持等速直线平飞的最大高度，或者说是无人机无法继续爬升的高度，换言之，就是 $V_{V\max}=0$ 时的飞行高度，一般用 $H_{\max}$ 表示。

随着高度的升高，无人机的上升速率 V_v 逐渐减小。理论上存在一个高度使得 $V_{V\max}=0$，即无人机在该高度下只能够水平飞行。该高度是理论上的静升限，越逼近静升限，爬升率越趋近于 0，因此要达到该高度的时间是无穷大，这是一个只存在于数学计算中的值，对于实际飞行是没有意义的。

在工程实践中，我们定义当无人机在某一高度使得最大上升速率 $V_{V\max}=0.5$ m/s 或 5 m/s 时，该高度为实用静升限，用 $H_{\max,s}$ 表示（无人机为超声速时取 5 m/s，为亚声速时取 0.5 m/s）。

知识点 ❸ 下滑性能

1. 无人机滑阶段的受力分析

无人机的速度方向向下倾斜（$\gamma<0$），但是倾斜度不是很大，接近直线的飞行称

为下滑。下滑阶段是无人机降落前经历的阶段,对整体航时航程有一定影响,其受力分析类似于爬升阶段,如图 6-17 所示。

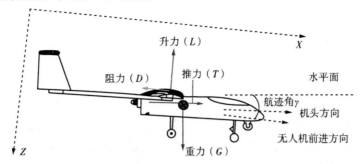

图 6-17 无人机下滑阶段受力分析

基于式 (6-2),可将 3 个方向的受力分解为如下形式:

$$\begin{cases} \sum F_X = D - T - G\sin\gamma = 0 \\ \sum F_Y = 0 \\ \sum F_Z = L - G\cos\gamma = 0 \end{cases} \quad (6\text{-}15)$$

注意:X 轴方向与无人机速度方向平行。当 $\gamma<0$ 时,我们不再称其为爬升角,而称它为下滑角。

由于下滑阶段发动机一般保持在慢车状态,此时产生的推力远小于阻力,因此式 (6-15) 可以简化为

$$\begin{cases} D = G\sin\gamma \\ L = G\cos\gamma \end{cases} \quad (6\text{-}16)$$

很显然,在下滑状态下,无人机的气动力刚好与其自身的重力相抵消,下滑角 γ 的计算公式遵循

$$\gamma = \arctan\frac{D}{L} = \arctan\frac{C_D}{C_L} = \arctan\frac{1}{K} \quad (6\text{-}17)$$

式中,K 为无人机的升阻比。

2. 最大航程下滑

我们假定无人机开始下滑时的高度为 H,一路下滑到降落准备高度(此处近似为 0),如图 6-18 所示。那么无人机下滑过程中所走的水平路程 R 为

$$R = \frac{H}{\tan\gamma} = HK \quad (6\text{-}18)$$

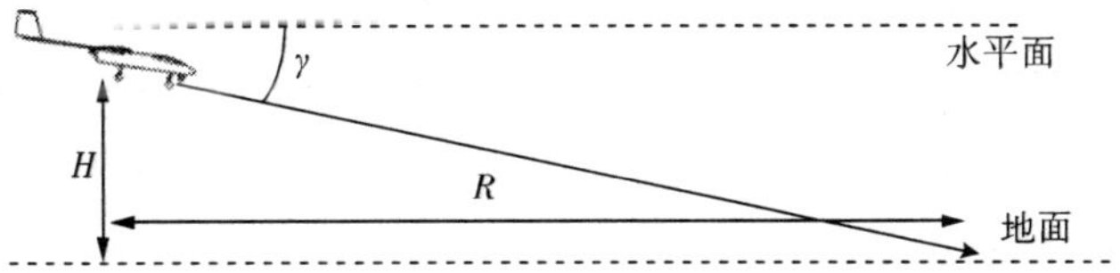

图 6-18 无人机下滑段示意图

下滑阶段的发动机为慢车状态，耗油率很低，为了节约燃油，我们希望在下滑段无人机能有尽量大的航程，基于式（6-18）很容易得到下滑段的最大航程为

$$R_{max} = \frac{H}{\tan \gamma} = HK_{max} \qquad (6-19)$$

即当无人机在下滑段保持最大升阻比的迎角时，下滑走过的水平距离最长。

知识点❹ 航程

1. 航程的定义

航程是指无人机按照预定航线，耗尽所有可用燃油（含副油箱，不考虑空中加油）后所经过的水平距离。航程是无人机设计指标的首要参数之一。一条最简单的航迹包括爬升、平飞和下滑 3 个阶段。一般来说，平飞段的航程占到每架次航程的 90% 以上。考量飞行性能的巡航能力指标时，一般追求一定燃油消耗量下飞得最远和飞得最久，相应的航程称为远航航程和久航航程。

2. 燃油量

要计算航程，首先就要确定有多少可用燃油 Q。并不是所有加到油箱里的燃油都能被使用掉。例如，油箱结构会导致一小部分燃油沉积在管道和底部无法被泵出，飞行安全守则也要求无人机在准备降落时必须还有适量的燃油，以保证目的地机场不安全或降落失败而需要二次起飞重新降落等情况发生时仍有足够的燃油使无人机安全着陆。

总体来说，可用燃油量 Q 的计算公式为

$$Q = Q_{max} - (Q_1 + Q_2 + Q_3 + Q_4) \qquad (6-20)$$

式中，Q_{max} 为油箱最大可加燃油量；Q_1 为滑跑起飞阶段耗油量，由于滑跑起飞阶段油门保持在最大可持续功率下，其单位时间的耗油量是已知的，与滑跑起飞时间相乘即可获得 Q_1；Q_2 为下滑降落阶段耗油量，由于下滑阶段油门保持在怠速状态下，其单位时间的耗油量也是已知的，与下滑降落时间相乘即可获得 Q_2；Q_3 为不可用燃油量，一般是由于油箱结构无法被泵出的燃油，根据经验这部分燃油一般占到最大燃油量 Q_{max} 的 3% 左右；Q_4 为保证飞行安全的备用燃油量，保证在降落前无人机还留有 20～30 min 的平飞耗油量＋5% 的总燃油量，民用无人机则应根据适航要求设定合适的备用燃油。

3. 发动机的燃油消耗率

发动机的燃油消耗率（简称"油耗"）是发动机的重要指标，往往会在发动机配套的说明书中提供，发动机油耗越低，飞行成本就越低。一般用参数燃油消耗率 SFC（specific fuel consumption）来评估发动机的油耗。这个参数是一个比值，一般指单位时间内产生单位功率/推力所消耗的燃油质量。该参数可通过地面试验和空中试验获得，其定义如下：

活塞、涡桨发动机燃油消耗率：

$$\text{SFC} = \frac{Q_\text{f}}{P} = \frac{燃油消耗质量}{单位时间 \times 单位功率} \tag{6-21}$$

涡扇、涡喷发动机燃油消耗率：

$$\text{SFC} = \frac{Q_\text{f}}{T} = \frac{燃油消耗质量}{单位时间 \times 单位推力} \tag{6-22}$$

式中，Q_f 为燃油流量，kg/h。

两类发动机的定义方式不同，本质上是因为活塞和涡桨发动机必须依靠螺旋桨才能将功率转化为推力。而一台活塞或涡桨发动机可以配套很多种不同的螺旋桨，因此发动机手册中无法直接给出推力，只能描述油耗与功率的关系。而涡扇、涡喷发动机则直接产生推力，可以直接描述推力与油耗的关系。常规发动机的燃油消耗率如表 6-3 所示。

表 6-3 各类发动机典型燃油消耗率

序号	发动机类型	燃油消耗率
1	涡喷发动机	0.8～0.9 kg/（kg·h）
2	低涵道比涡扇	0.7～0.8 kg/（kg·h）
3	高涵道比涡扇	0.4～0.5 kg/（kg·h）
4	涡桨发动机	0.3～0.48 kg/（kW·h）
5	活塞发动机	0.24～0.48 kg/（kW·h）

在计算无人机行性能时，我们往往关注发动机每小时的耗油量。下面用一个例题来解释计算过程。

例 6-3 已知某型无人机装备的某款航空活塞发动机的燃油消耗率为 285 g/（kW·h），如果该型无人机平飞阶段预计的发动机功率为 50 kW，请问这架无人机每小时消耗多少燃油（燃油流量 Q_f 是多少）？

$$Q_\text{f} = 285 \text{ g/（kW·h）} \times 50 \text{ kW} = 14\,250 \text{ g/h} = 14.25 \text{ kg/h}$$

即该架无人机预计每小时消耗燃油 14.25 kg。

涡轮式发动机的燃油流量 Q_f 一般会随着油门大小、飞行速度和飞行高度变化而变化。油门越大，飞行速度越大，高度越低，则燃油流量越大。发动机厂商一般会提供类似的表格，供用户查阅。

4. 远航航程的计算方法

远航航程的求解思路如图 6-19 所示。求解前需要的输入参数包含无人机质量、可用燃油质量、飞行高度、远航升阻比、远航升力系数及发动机油耗等。下面用一个算例来演示如何计算远航航程。

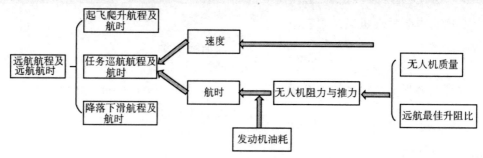

图 6-19 远航航程的求解思路

例 6-4 一架无人机计划在 $H=3$ km 的高度上飞行。起飞时无人机质量为 1 300 kg，携带 250 kg 燃油，爬升到 3 km 高度后消耗了 10 kg 燃油，考虑不可用燃油、安全备用燃油、下滑燃油共计 40 kg。该机的机翼面积为 12 m²，升阻比 K 为 12，在该升阻比下的升力系数 C_l 约为 1。耗油率试验数据散点及其拟合曲线如图 6-20 所示。请问其巡航段的远航航程是多少？

解： 无人机平飞段可用燃油质量 Q：

$$Q = 250 - 10 - 40 = 200 \text{（kg）}$$

无人机的半油重 G：

$$G = 1\,300 - \frac{Q}{2} = 1\,300 - \frac{200}{2} = 1\,200 \text{（kg）}$$

根据升阻比求无人机的阻力 D：

$$D = \frac{G}{K} = \frac{1\,200 \times 9.8}{12} = 980 \text{（N）}$$

观察图 6-20 发现，该型发动机的油耗和推力的试验测试点符合线性规律，对这些点用常用拟合工具（Excel 等）进行拟合，可以得到油耗 Q_f 为

$$Q_f = 0.055\,1 \times 980 + 3.981\,6 \approx 58 \text{（kg/h）}$$

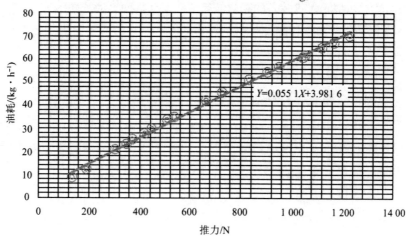

图 6-20 某型发动机推力-油耗试验数据散点图及拟合结果

依据可用燃油和油耗求得远航航时 t 为

$$t = \frac{Q}{Q_f} = \frac{200}{58} = 3.44 \text{ (h)}$$

根据学习情境的内容，查附录得 3 km 高度下的标准大气密度为 0.909 kg/m^3。依据大气密度 ρ、升力系数 C_l 和机翼面积 S 等参数求远航飞行速度 V 为

$$V = \sqrt{\frac{2G}{\rho S C_l}} = \sqrt{\frac{2 \times 1\,200 \times 9.8}{0.909 \times 12 \times 1}} \approx 46.43 \text{ (m/s)}$$

最后依据远航速度和远航航时，求得平飞巡航段的远航航程 L（注意单位换算）为

$$L = t \times V = 3.44 \times 46.43 \times 3.6 \approx 574.94 \text{ (km)}$$

知识点❺ 航时

航时指无人机耗尽其所有可用燃油所能持续飞行的时间，它同样是无人机巡航性能的重要指标。与航程类似，主要关注平飞段航时、爬升航时、下滑航时在每架次中占比不高。在考量飞行性能的巡航能力指标，一般追求一定燃油消耗量下飞得最远和飞得最久，相应的航时称为远航航时和久航航时。

久航航时的求解思路如图 6-21 所示，其与远航航时的差别仅在于输入数据中远航最佳升阻比变为了久航最佳升阻比，此处不再赘述。

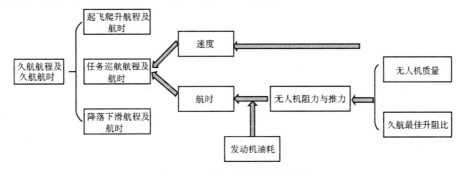

图 6-21 久航航时的求解思路

需要注意的是，一般远航和久航不能同时实现，即远航最佳升阻比与久航最佳升阻比不相等。

知识点❻ 起飞与着陆性能

起飞和着陆是 架次飞行中必经的两个阶段，因此无人机的起飞和着陆性能同样十分重要。如果起降滑跑距离过长，则无人机所需要的跑道就很长，所能起降的城市数量相应地就会减少。例如世界上最大的运输机 An-225，其起飞滑跑距离在 3 500 m 左右，仅能在最高级别的 4F 级机场起降。

1. 起飞和降落阶段的定义

无人机从速度为 0 开始加速，上升到机场上空的安全高度，这一运动过程称为起飞。在该过程中，无人机走过的水平距离称为起飞距离，所有时间称为起飞时间。安全高度一般根据机场四周的障碍物情况来设置。在无人机设计阶段，我国将民用无人机的安全高度设为 15 m，军用无人机的安全高度设为 25 m。

起飞又细分为 3 个阶段，3 个阶段的分界点分别是前轮离地和所有轮胎离地，如图 6-22 所示。具体来说，阶段 1 是指无人机从速度为 0 开始加速，直至其前轮翘起离地；阶段 2 是指无人机前轮离地后获得迎角并继续加速，直至其升力可以克服重力使得所有轮胎均离地；阶段 3 是指无人机离地后直至爬升至安全高度。阶段 1 和阶段 2 的合计移动距离称为起飞滑跑距离，所用时间称为起飞滑跑时间。显然，起飞距离和起飞时间越短，对跑道的需求就越少，起飞性能就越好。目前，越来越多的无人机着力于追求短距起降。

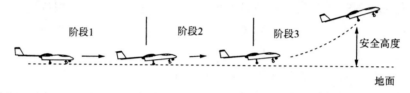

图 6-22　无人机起飞的 3 个阶段

着陆阶段与滑跑阶段类似，同样分为 3 个阶段，分别是拉平（拉飘）、滑跑和刹车。3 个阶段的合计移动距离称为着陆距离。一般来说，着陆距离要比起飞距离短 20% 左右。从开始滑跑到完全停止的距离称为降落滑跑距离，本节主要分析起飞滑跑距离和降落滑跑距离，两者的分析逻辑一致。无人机离地后到达安全高度的计算分析类似于爬升和下滑，此处不再赘述。

2. 滑跑中的受力分析

无人机在地面滑跑阶段的受力情况如图 6-23 所示。

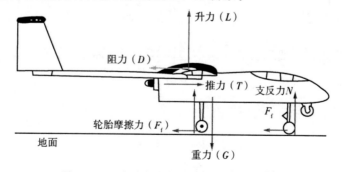

图 6-23　无人机在滑跑阶段的受力分析情况

无人机起飞时发动机输出最大功率，其运动方程为

$$\begin{cases} T_{\max} - D - F_f = ma \\ N + L = G \end{cases} \quad (6\text{-}23)$$

其中,支反力 N 与轮胎摩擦力 F_f 符合关系式

$$F_f = Nf \quad (6\text{-}24)$$

式中,f 为摩擦系数。摩擦系数的大小一般取决于跑道情况。表 6-4 列出了典型跑道的摩擦系数平均值。

表 6-4 典型跑道的摩擦系数平均值

表面状况	摩擦系数平均值
干水泥地面	0.03~0.04
湿水泥地面	0.05
干硬草地面	0.07~0.10
湿草地面	0.10~0.12

式 (6-23) 可简化为

$$ma = T_{\max} - D - (G - L)f \quad (6\text{-}25)$$

将升阻力求解公式代入后,两侧同时除以质量 m,得

$$a = \frac{dV}{dt} = \frac{T_{\max}}{m} - fg + \frac{1}{2}\rho V^2 S(fC_l - C_D) \quad (6\text{-}26)$$

3. 滑跑距离与滑跑时间理论计算

下面计算无人机起飞的滑跑距离,与降落阶段类似,不再重复。仔细观察可以发现,式 (6-26) 右侧中仅有速度 V 是变量,因此式 (6-26) 又可简化为

$$\frac{dV}{\dfrac{T_{\max}}{m} - fg + \dfrac{1}{2}\rho V^2 S(fC_l - C_D)} = dt \quad (6\text{-}27)$$

两边积分得

$$\int_0^{V_{ld}} \frac{dV}{\dfrac{T_{\max}}{m} - fg + \dfrac{1}{2}\rho V^2 S(fC_l - C_D)} = \int_0^t dt + C_1 \quad (6\text{-}28)$$

式中,V_{ld} 表示离地速度;t_{ld} 表示地面滑跑时间。C_1 为积分后产生的一个未知常数。

由于初始状态 $t = 0$,$V = 0$,可得常数 $C_1 = 0$,即滑跑时间为

式中,

$$t_{ld} = \int_0^{V_{ld}} \frac{dV}{\dfrac{T_{\max}}{m} - fg + \dfrac{1}{2}\rho V^2 S(fC_l - C_D)} \quad (6\text{-}29)$$

滑跑距离为

$$d_{ld} = \int_0^{t_{ld}} V dt + C_2 = \int_0^{V_{ld}} \frac{V dV}{\dfrac{T_{\max}}{m} - fg + \dfrac{1}{2}\rho V^2 S(fC_l - C_D)} + C_2 \quad (6\text{-}30)$$

初始状态下滑跑距离为 0，同理可得常数 $C_2=0$。

为了求出滑跑时间和滑跑距离的积分，就必须要求出离地速度 V_{ld}，在离地瞬时，重力和升力基本平衡，发动机推力在竖直方向的分量可以忽略，得

$$V_{ld}=\sqrt{\frac{2G}{\rho S C_{l.ld}}} \tag{6-31}$$

式中，$C_{l.ld}$ 为离地时的升力系数。

由于离地速度越小，滑跑距离就越短，因此滑跑离地时 $C_{l.ld}$ 要尽量大，无人机一般保持在最大许用迎角，加上地面效应对升阻力的影响，同时，如果机翼上有增升装置（如襟翼、缝翼），则要全部打开。如果无人机的许用迎角较大，无人机头抬起过高，可能会导致其尾部擦碰到地面，因此还要增加护尾限制，保证机尾最低处离地还有 $0.2\sim0.3$ m。总而言之，滑跑阶段的离地升力系数 $C_{l.ld}$ 应当取无人机在安全状态下可用的最大升力系数，此时的迎角 α_{ld} 称为离地迎角。

4. 滑跑距离与滑跑时间工程计算

积分公式的求解较为复杂，可借助 Matlab 等科学计算软件，直接求解式（6-30）和式（6-29）获得无人机的滑跑距离与滑跑时间。在实际的项目计算或者工程任务中，我们更倾向于用一些对理论计算做了简化的工程估算方法。在工程估算中，我们要对式（6-30）和式（6-29）做简化，以便快速求得近似解。

假设无人机在滑跑过程中按照一个平均加速度 a_{av} 实现匀加速运动，那么滑跑时间为

$$t_{ld}=\frac{V_{ld}}{a_{av}} \tag{6-32}$$

V_{ld} 可根据式（6-31）求解，由此的问题变为了获得 a_{av}。

$$a=\frac{T-D-F_f}{m} \tag{6-33}$$

求平均加速度时，需要对推力 T 做简化，而忽略速度对推力的影响，取一个推力的平均值 T_{av}，该值在工程上有一个经验值为

$$T_{av}=0.9T_{max} \tag{6-34}$$

即推力平均值 T_{av} 是 0.9 倍的地面最大静推力 T_{max}。

$D+F_f$ 是空气阻力和地面阻力的合力，我们也要求其平均值。刚开始滑跑时，无人机速度为 0，则 $D=0$，$F_f=fG$；滑跑结束时，无人机离地，没有支反力，$F_f=0$，$D=\frac{G}{K_{ld}}$，其中 K_{ld} 指无人机离地时的升阻比。根据起始状态和结束状态，可求得

$$(D+F_f)_{av}=\frac{1}{2}G\left(f+\frac{1}{K_{ld}}\right) \tag{6-35}$$

将上述工程假设代入式（6-32），可得

$$t_{ld} = \frac{mV_{ld}}{0.9T_{max} - \frac{1}{2}G\left(f + \frac{1}{K_{ld}}\right)} \tag{6-36}$$

$$d_{ld} = \frac{1}{2}V_{ld} \times t_{ld} = \frac{0.5mV_{ld}^2}{0.9T_{max} - \frac{1}{2}G\left(f + \frac{1}{K_{ld}}\right)} \tag{6-37}$$

下面以一个示例来演示如何使用工程算法评估无人机的起飞性能。

例 6-5 已知某机场海拔高度 0 m，为硬质水泥地面。某无人机质量为 1 200 kg，机翼面积为 12 m²。离地迎角下的升力系数为 1.2，升阻比为 10。海平面状态下最大推力为 180 kg，请问其起飞滑跑距离和起飞滑跑时间分别是多少？

解：首先基于式（6-31）求得离地速度为

$$V_{ld} = \sqrt{\frac{2G}{\rho SC_{l.ld}}} = \sqrt{\frac{2 \times 1\,200 \times 9.8}{1.225 \times 12 \times 1.2}} = 36.51\,(\text{m/s})$$

基于式（6-36）求得滑跑时间为

$$t_{ld} = \frac{mV_{ld}}{0.9T_{max} - \frac{1}{2}G\left(f + \frac{1}{K_{ld}}\right)}$$

$$= \frac{1\,200 \times 36.51}{0.9 \times 180 \times 9.8 - 0.5 \times 1\,200 \times 9.8\left(0.03 + \frac{1}{10}\right)} = 53.22\,(\text{s})$$

基于式（6-37）求得滑跑距离为

$$d_{ld} = \frac{1}{2}V_{ld}t_{ld} = \frac{0.5mV_{ld}^2}{0.9T_{max} - \frac{1}{2}G\left(f + \frac{1}{K_{ld}}\right)}$$

$$= \frac{0.5 \times 1\,200 \times 36.51^2}{0.9 \times 180 \times 9.8 - 0.5 \times 1\,200 \times 9.8\left(0.03 + \frac{1}{10}\right)} = 971.56\,(\text{m})$$

任务实施（一）

评估无人机最大平飞速度

本任务要求各位同学单独开展。基于给定的输入数据，计算无人机的最大平飞速度，列出计算过程，并做好与大家分享计算心得的准备。

技能目标

1. 掌握评估无人机最大平飞速度所需要的输入参数。
2. 能够基于图解法求解无人机的最大平飞速度。

实训任务书

实训任务书见表 6-5。

表 6-5 实训任务书(1)

序号	任务名称	任务描述		
		飞行速度/(m·s^{-1})	最大拉力/N	飞行阻力/N
1	确认输入数据	30	3 800	3 230
		50	3 650	3 150
		70	3 420	3 260
		90	3 250	3 400
		110	3 080	3 600
2	绘制速度-最大拉力曲线图			
3	绘制速度-阻力曲线图			
4	求交点	交点的纵坐标即为最大速度		

任务记录

学生按照要求记录任务数据,保存绘制的曲线图和获得的最大速度结果。

任务分析

1. 随机抽选 3 名同学阐述任务并分析结果。
2. 再随机抽选 3 名同学对前面 3 名同学的任务分析结果进行评价。
3. 教师结合学生完成情况进行点评、分析和总结。

评价反馈

评价反馈表见表 6-6。

表 6-6 评价反馈表(1)

评价项目	自评	教师评价
任务是否按计划时间完成		
相关理论完成情况		
任务完成情况		
任务创新情况		
语言表达能力及沟通协作能力		

任务实施(二)

评估无人机的久航航时

本任务要求各位同学单独开展。基于给定的输入数据,计算无人机的最大续航时间,列出计算过程,并做好与大家分享计算心得的准备。

技能目标

1. 掌握评估无人机久航航时的输入参数。
2. 能够计算无人机的久航航时。

实训任务书

实训任务书见表 6-7。

表 6-7 实训任务书(2)

序号	任务名称	任务描述
1	确认输入数据	高度 $H=2$ km 起飞时无人机质量 1 400 kg 平飞段可用燃油 300 kg 机翼面积 15 m² 久航升阻比 $K=12$,该升阻比下的升力系数 C_l 为 1.1 耗油率数据如图 6-20 所示
2	参考例 6-4 进行计算	

● 任务记录

学生按照要求记录任务数据,保存计算结果。

任务分析

1. 随机抽选 3 名同学阐述任务并分析结果。
2. 再随机抽选 3 名同学对前面 3 名同学的任务分析结果进行评价。
3. 教师结合学生完成情况进行点评、分析和总结。

评价反馈

评价反馈表见表 6-8。

表 6-8 评价反馈表(2)

评价项目	自评	教师评价
任务是否按计划时间完成		

续表

评价项目	自评	教师评价
相关理论完成情况		
任务完成情况		
任务创新情况		
语言表达能力及沟通协作情况		

工作任务二　四旋翼无人机的飞行性能

 **任务描述**

目前，四旋翼飞行器的行业痛点之一是滞空时间，相较于固定翼飞行器动辄 20 h 的航时，电动四旋翼飞行器的航时一般不足 1 h，短航时、小航程极大程度地限制了四旋翼飞行器的应用。很多同学会问，既然这类飞行器大部分依赖电池驱动，为什么不能多携带几块电池来增加航时航程呢？实际上，电池质量过大，自然使得无人机质量增大，无人机的飞行功率提高，因此携带过多的电池甚至会降低飞行时间。

为什么会出现这种现象呢？本工作任务主要介绍四旋翼飞行器的航时航程估算方法，详细讲解四旋翼无人机的飞行性能。

知识点❶　四旋翼无人机的悬停性能

一定质量的四旋翼无人机悬停在空中，其依赖 4 个螺旋桨产生的拉力克服其自身的重力。螺旋桨之所以能够产生拉力，是因为电机给予了螺旋桨一定的转速，而电机又是电池通过电调驱动的，我们又可以求得电池的输出电流。最后通过电池的总容量和输出电流，求得总的悬停时长。总之，求解四旋翼的悬停性能，可以按照图 6-24 所示。理论算法开展。

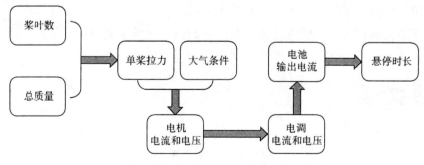

图 6-24　四旋翼悬停性能理论算法

在求解过程中，需要很多输入参数，表 6-9 给出了四旋翼飞行器各部件典型参数。

学习情景六 无人机飞行性能

表 6-9 四旋翼飞行器各部件典型参数

序号	影响源	影响参数
1	大气环境	海拔高度 h、温度 T 等
2	螺旋桨	桨叶数 B_p、直径 D_p、拉力系数 C_T、扭矩系数 C_M 等
3	电机	反电动势常数 K_E、内阻 R_{m0}、空载转速 K_V 等
4	电调	内阻 R_e 等
5	电池	内阻 R_b、电压 U_b、容量 C_b、最小容量 C_{min} 等
6	总体参数	全机质量 G、旋翼数 n 等

输入数据的复杂性导致了求解难度的提升,在实际问题中,有时也无法获得所有的输入参数。在工程应用中,我们常采用简化的工程算法估算四旋翼无人机的飞行性能。零部件的厂家一般会提供其测试数据供计算无人机的飞行性能,这些数据能够方便我们快速开展估算。现以下例作为求解悬停时间的展示。

例 6-6 已知一架四旋翼无人机的总重量 G 为 15.68 N,动力系统选用厂家搭配好的电机螺旋桨套件,其参数如表 6-10 所示。电调内阻 $R_e=0.008$ Ω,可忽略不计。电池内阻 $R_b=0.01$ Ω,可忽略不计。电池电压符合电机需求,为 4S 电池,容量为 5 000 mA·h,最小容量为总容量的 20%,正常放电倍率为 5C。求无人机在海平面高度下的悬停时间是多少?

表 6-10 某型电机螺旋桨组合套件拉力参数

某型电机螺旋桨组合套件拉力参数 测试环境:标准大气海平面高度					
电压/V	电流/A	拉力/g	桨效/(g·W^{-1})	转速/(r·s^{-1})
14.8	0.8	100	8.45	4 100
	1.7	200	7.94	5 600
	2.8	300	7.24	6 700
	4.1	400	6.59	7 700
	5.5	500	6.14	8 500

解: 无人机悬停时的单桨拉力为

$$T = \frac{G}{4} = 3.92 \text{ N} \approx 0.4 \text{ (kg)}$$

查表 6-10 可得 4S 电池驱动该单独电机的电池电流应为 4.1 A。

驱动 4 个电机的电流为 16.4 A。

飞控等其他元器件耗电电流约为 1 A。

电池总电流 I_b 为 17.4 A。

悬停时间为

$$t = \frac{C_b - C_{\min}}{I_b} \cdot \frac{60}{1\,000} = \frac{5\,000 - 5\,000 \times 20\%}{17.4} \times \frac{60}{1\,000} = 13.8\,(\min)$$

整理上述计算过程,我们忽略螺旋桨之间的空气动力干扰对拉力的影响,也忽略环境温度对空气密度的影响。四旋翼无人机悬停时间的计算流程如图 6-25 所示。

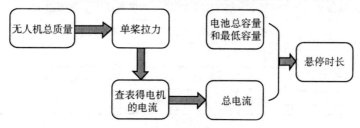

图 6-25 四旋翼悬停性能工程算法

需要注意的是,四旋翼无人机使用的无刷直流电机,是依赖电压调速的。也就是说,电机的输入电压变化,转速就会变化;电机的输入电流变化,转矩就会变化。因此表 6-11 中的电压电流值,是电池给该电机单独供电时测得的电池输出电压和电池输出电流,并不是实际的电机等效输入电压和等效输入电流。实际上电机的输入电压和电流是会随油门变化而发生变化的。

知识点 ❷ 四旋翼无人机的最大飞行高度

下面以一个例子介绍四旋翼无人机最大起飞高度的计算方法。

例 6-7 已知一架四旋翼无人机的总重量 G 为 15.68 N,动力系统选用厂家搭配好的电机螺旋桨套件,厂家测得单套动力组件在电流处于 5.5 A 时,获得最大拉力 0.5 kg(海平面高度),如表 6-11 所示。电池电压符合电机需求,为 4S 电池,容量为 5 000 mA·h,正常放电倍率为 5C。求该无人机的最大飞行高度是多少?

解:其他条件不变时,拉力与密度的关系为

$$\frac{T_1}{T_2} = \sqrt{\frac{\rho_1}{\rho_2}}$$

单桨海平面处最大拉力为 0.5 kg,海平面处大气密度为 1.225 kg/m³。已知无人机质量为 1.6 kg,当其处于最大飞行高度时,单桨需要提供 0.4 kg 的拉力,则该高度下的大气密度 ρ 为

$$\rho_2 = \rho_1 \times \left(\frac{T_2}{T_1}\right)^2 = 1.225 \times 0.8^2 = 0.784$$

查附录得,高度为 4 km 时,密度为 0.820 kg/m³,高度为 5 km 时,密度为 0.737 kg/m³,计算高度得 $\frac{0.784 - 0.737}{0.820 - 0.737} + 4 \approx 4.56\,(\text{km})$。该密度对应的高度约为 4.5 km。

整理上述计算过程，我们默认环境温度符合标准大气温度，忽略螺旋桨之间的空气动力干扰对拉力的影响。四旋翼无人机最大飞行高度的计算流程如图 6-26 所示。

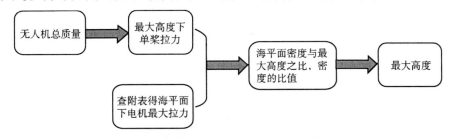

图 6-26　四旋翼飞行器最大飞行高度求解过程

这样计算获得的最大飞行高度是理论飞行高度。在此高度下，重力等于最大拉力，因此可以产生的垂直方向的加速度为 0。换句话说，要达到此高度的理论飞行时间是无穷大，实际在描述四旋翼无人机的最大飞行高度应稍低于该理论值。

知识点❸　四旋翼无人机的最大俯仰角

下面以一个例子介绍四旋翼无人机前飞时最大俯仰角（滚转角）的计算方法。

例 6-8　已知一架四旋翼无人机的总重量 G 为 15.68 N，动力系统选用厂家搭配好的电机螺旋桨套件，厂家测得单套动力组件在电流处于 5.5 A 时获得最大拉力 0.5 kg（海平面高度），如表 6-10 所示。电池电压符合电机需求，为 4S 电池，容量 5 000 mA·h，正常放电倍率为 5C。求该无人机在海平面的最大俯仰角是多少？

解：四旋翼无人机倾斜时的受力分析如图 6-27 所示。

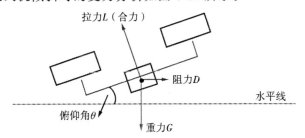

图 6-27　多旋翼飞行器平飞受力

四旋翼无人机匀速往前平飞时一般会存在一个俯仰角 θ，当其俯仰角最大时，显然拉力也是最大的，即

$$\theta_{max} = \arccos \frac{G}{L_{max}}$$

综上可得

$$\theta_{max} = \arccos 0.8 \approx 37°$$

对于四旋翼无人机来说，它是中心对称和轴对称的，因此其俯仰动作和滚转动作的实现逻辑是一致的。

知识点❹ 四旋翼无人机的其他性能

1. 四旋翼无人机的平飞速度

四旋翼无人机的平飞速度受其俯仰角度变化的影响,参考图 6-21 可得

$$D = L\sin\theta = G\tan\theta$$

同时,阻力可以用空气动力学方法估算

$$D = \frac{1}{2}\rho V^2 C_D S$$

显然,前飞速度 V 符合

$$V(\theta) = \sqrt{\frac{2G\tan\theta}{\rho S C_D}}$$

2. 四旋翼无人机的平飞距离

先求出四旋翼无人机的平飞速度,再求解其最大飞行时间 T,就可算出其平飞距离。

显然,飞行时间 T 是一个与电机电流、电池容量相关的参数,其求解方法与本任务中的知识点 1 类似,此处不再赘述。

知识点❺ 使用计算工具估算四旋翼无人机的飞行性能

此处引用北京航空航天大学教授、博士生导师全权教授公开的在线性能估算网站:www.Flyeval.com。

作为四旋翼无人机飞行性能估算的计算工具,用户可以在 Flyeval 网站上输入机架布局参数、环境参数和动力系统参数后,方便得到性能估算结果。具体的计算方法在网站中也给出了对应的论文,有兴趣的同学可以自行学习。

Flyeval 网站中四旋翼飞行性能计算的输入参数界面如图 6-28 所示。用户需要输入 6 类参数,分别是:

图 6-28 Flyeval 网站中四旋翼飞行性能计算的输入参数界面

第一类参数:总体参数。包含四旋翼整机质量、机架轴距、飞行海拔、空气温度

和气动外形完善情况，最后一项气动外形主要的判断方式是观察整个四旋翼飞行器表面有没有做整流等。

第二类参数：飞控参数。包含电池放电下限、安全起飞油门上限、飞控限制的最大倾角、飞控及其附件电流。

第三类参数：电机参数。Flyeval 网站中提供了大量品牌不同型号的电机参数，可以直接根据实际安装的电机品牌和型号点选。点选大疆品牌 2212 KV920 电机如图 6-29 所示。

图 6-29　点选大疆品牌 2212 KV920 电机

若无法在提供的列表中找到所需的电机品牌或型号，则可以自定义电机参数。自定义参数需要输入电机的 KV 值、空载电流-电压、最大持续电流、内阻、外直径及重量（选填），如图 6-30 所示。该部分参数可以咨询电机的生产厂家。

图 6-30　自定义电机参数

第四类参数：螺旋桨参数。Flyeval 网站中提供了大量品牌不同型号的螺旋参数，可以直接根据实际安装的螺旋桨品牌和型号点选。若要自定义螺旋桨的参数，需要输入外径、螺距、桨叶数和重量（选填），如图 6-31 所示。该部分参数可以咨询螺旋桨的生产厂家。

图 6-31　自定义螺旋桨参数

第五类参数：电调参数。Flyeval 网站中提供了大量品牌不同型号的电调参数，可以直接根据实际安装的电调品牌和型号点选。若要自定义电调的参数，需要输入持续电流、电压最大锂电节数、内阻（选填）和重量（选填），如图 6-32 所示。该部分参数可以咨询电调的生产厂家。

图 6-32　自定义电调参数

第六类参数：电池参数。Flyeval 网站中提供了大量品牌不同型号的电池参数，可以直接根据实际安装的电池品牌和型号点选。若要自定义电池的参数，需要输入电芯类型、电芯串联结构、容量、持续放电倍率、内阻（选填）和重量（选填），如图 6-33 所示。该部分参数可以咨询电池的生产厂家。

图 6-33　自定义电池参数

完成所有参数的输入后，点击右侧"计算"按钮，网站会快速计算获得飞行性能的结果，如图 6-34 所示。结果中包含悬停时间、剩余负载、最大起飞海拔、单程飞行距离、最大前飞速度等基本信息，也有关于悬停、油门等详细信息，以上数据可以作为四旋翼飞行器飞行性能的参考值。当然，估算方法必然存在误差，同学可以采用试验的方法对估算值做验证。

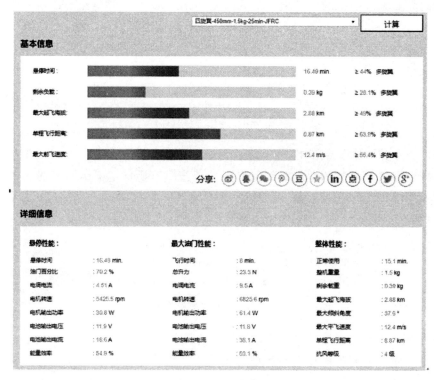

图 6-34　输出结果

使用 Flyeval 网站快速估算多旋翼无人机飞行性能

本任务要求同学单独完成。在 Flyeval 网站中完成给定输入参数的多旋翼飞行器飞行性能评估工作，并做好汇报准备。

学习情景六 无人机飞行性能

技能目标

1. 给定一架四旋翼无人机的各类参数,能够使用 Flyeval 网站估算该无人机的基本飞行性能。
2. 认识高度、温度变化对同一架四旋翼无人机的性能影响。
3. 能够使用 Flyeval 网站优化四旋翼无人机,以获得更大的悬停时长。

实训任务书

实训任务书见表 6-11。

表 6-11　实训任务书(3)

序号	任务名称	任务描述
1	打开计算工具	在浏览器界面输入 www.flyeval.com,打开计算工具
2	输入参数	质量 1.5 kg,轴距 450 mm,海拔 20 m,空气温度 25 ℃,气动外形一般,电池下限 15%,安全起飞油门上限 85%,飞控电流 1 A,电机"飓风 U2212KV980",螺旋桨"APC 10×4.7SF",电调"好盈 Xrotor 40A",3S 锂电池 5 000 mA·h,25C。
3	生成结果	点击"计算"获得结果,并记录数据
4	改变高度	将海拔改为 1 000 m
5	生成结果	点击"计算"获得结果,并记录数据
6	改变温度	将温度改为 35 ℃
7	生成结果	点击"计算"获得结果,并记录数据
8	优化性能	调整除总体参数外的其他参数,使得悬停时间增加,并记录调整的参数

任务记录

学生按照要求记录任务数据,见表 6-12。

表 6-12　任务记录表

数据记录			
按照给定参数的结果	悬停时间:	剩余负载:	单程飞行距离:
更改高度结果	悬停时间:	剩余负载:	单程飞行距离:
更改温度结果	悬停时间:	剩余负载:	单程飞行距离:
优化结果	悬停时间:	剩余负载:	单程飞行距离:
优化参数	(如实记录)		

任务分析

1. 随机抽选 3 名同学阐述任务，并分析结果。
2. 再随机抽选 3 名同学对前面 3 名同学的任务分析结果进行评价。
3. 教师结合学生完成情况进行点评、分析和总结。

评价反馈

评价反馈表见表 6-13。

表 6-13 评价反馈表（3）

教师评价		
任务是否按计划时间完成		
相关理论完成情况		
任务完成情况		
任务创新情况		
语言表达能力及沟通协作能力		